Unseren Freunden und Förderern

Provinzial Brandkasse
Versicherungsanstalt
Schleswig-Holstein

Provinzial Leben
Versicherungsanstalt
Schleswig-Holstein

Die Anfänge von Kartographie und Topographie Schleswig-Holsteins 1475–1652

Von Reimer Witt

Westholsteinische Verlagsanstalt Boyens & Co.
Heide in Holstein

Herausgegeben von den
Provinzial Versicherungen, Kiel

Wissenschaftlicher Betreuer: Prof. Dr. Ernst Schlee

ISBN 3-8042-0286-1

INHALT

5

Die Ziffern neben dem Text verweisen auf die numerierten Abbildungen, denen außer einer knappen Bildbeschreibung jeweils Angaben beigefügt wurden über Zeichner oder Stecher der Karten und Verfasser der Landesbeschreibungen, Erscheinungsort und -datum der Vorlage, Ausrichtung der Karte – sofern sie nicht, wie heute üblich, nordgerichtet ist –, Herstellungstechnik, Höhe × Breite der ganzen Karte sowie Liegeort der Vorlage.

Imago mundi – Bild der Welt, Porträt der Erde. Der Reiz, der von dieser spätmittelalterlichen Bezeichnung für Karten ausgeht, ist bei modernen Karten kaum noch zu spüren. Der Stand der meß- und darstellungstechnischen Möglichkeiten erlaubt einen hohen Abstraktionsgrad des Kartenbildes und eine intensive Nutzung des exakten Karteninhalts. Die moderne Karte dient der Forschung, der Lehre, der Planung und dem öffentlichen und privaten Leben. Wanderer und Reisende legen mit ihrer Hilfe die Routen ihrer Fahrten fest und orientieren sich in Stadt und Land. Wissenschaftler verdeutlichen in und mit ihnen geographische, wirtschaftliche, historische und politische Zusammenhänge. Planer nehmen und machen sie zur Grundlage ihrer weltverändernden Projekte. Die Reihe der Beispiele ließe sich um ein Vielfaches vermehren. Die sachlich-nüchternen Karten der Gegenwart dienen den unterschiedlichsten Zwecken und werden dementsprechend vorwiegend als unentbehrlicher Gebrauchsgegenstand unseres täglichen Lebens angesehen.

Die älteren Karten entziehen sich diesen direkten Nutzungsmöglichkeiten. Sie stimmen mit den heutigen Gegebenheiten nicht mehr überein. Ihr Inhalt bleibt dem oberflächlichen Betrachter verschlossen. Sie laufen Gefahr – insbesondere wenn Städtebilder, Kartuschen, Wappen, Porträts und allegorische Figuren sie zieren – allein als Kunstwerke empfunden und beurteilt zu werden.

Modernen und älteren Karten ist aber gemeinsam, daß sie gleichermaßen in der Aufsicht die Erde oder Teile der Erdoberfläche – zumeist in einem bestimmten Maßstab – verkleinert und möglichst wahrheitsgetreu darstellen wollen und sollen. Sie spiegeln in allen Perioden gleichsam das Weltbild und auch die Bildwelt ihrer Epoche wider. Erst das Wissen um Zeit, Voraussetzungen und Zweck ihrer Entstehung erlaubt es, sie im Einzelfall und in den vorgegebenen Grenzen ihrer Ausdrucksform zutreffend zu interpretieren und zu werten.

Eine wesentliche Hilfe bei der Einordnung von Karten in ihren historischen Kontext bieten die zeitgenössischen Kosmographien, Chorographien und Topographien, die sprachliche Beschreibungen groß-, mittel- und kleinräumiger Gebiete im Text wiedergeben.

Beide Darstellungsformen, Karte und Beschreibung, befassen sich insbesondere in ihren Anfängen zumeist mit größeren Bereichen, häufig der ganzen bekannten Welt. Es kann nicht Aufgabe dieser kleinen Abhandlung sein, die vielfältige, unter anderem auch Schleswig-Holstein betreffende Überlieferung der allgemeinen großräumigen Darstellungen im einzelnen zu verfolgen. Sie wird jedoch herangezogen, soweit sie zur Erklärung übergreifender Entwicklungen oder bestimmter Kartentypen notwendig ist. Ziel dieser Arbeit soll es vor allem sein, an ausgewählten Beispielen einen kurzen Überblick über die älteren Karten und Topographien Schleswig-Holsteins zu geben, soweit sie in diesem Lande entstanden oder von hier aus angeregt wurden. Dabei ist der Begriff Schleswig-Holsteins weit gefaßt und bezieht in einzelnen Entwicklungslinien die Hansestadt Hamburg, die erst im 18. Jahrhundert nominell aus dem Herzogtum Holstein ausschied, und Nordschleswig, das im Jahre 1920 an Dänemark abgetreten wurde, ebenso ein wie das Herzogtum Lauenburg, das im Jahre 1876 mit Schleswig-Holstein vereinigt wurde, und die Hansestadt Lübeck, die erst 1937 integriert wurde.

Aus methodischen Gründen ist zumeist zwischen handgezeichneten Karten, die vielfach fast verborgen in Prozeß- und Verwaltungsakten überliefert sind, und gedruckten Karten, die von vornherein für eine breitere Öffentlichkeit bestimmt waren, zu unterscheiden und für beide Typen jeweils nach ihrem Einfluß auf die Entwicklung der Kartographie und nach ihrem Verhältnis zu zeitgenössischen Landesbeschreibungen zu fragen.

Das mittelalterliche Kartenbild

Im Mittelalter hatte der christliche Glaube zur Entwicklung eines geschlossenen Weltbildes geführt, das, ganz von der Bibel geprägt und mehr auf das Jenseits als auf praktischen Nutzen ausgerichtet, die Erkenntnisse der antiken Schriftsteller und Geographen überlagerte und verdrängte. „Was nützt uns jegliche Erkenntnis der Erde, wenn wir dadurch in unserem Glauben nicht weiterkommen", so hatte der Mönch Konstantin von Antiochia es im 6. Jahrhundert ausgedrückt und die Grundsätze einer christlichen Topographie formuliert. Die Kugelgestalt der Erde wurde abgelehnt, dafür die Form einer flachen, meist von Wasser umspülten Scheibe festgelegt und Jerusalem in den Mittelpunkt der Welt gerückt.

Ein typisches Beispiel dieser christlich-mittelalterlichen Auffassung bietet eine Weltkarte, mit der *Lucas Brandis* sein in Lübeck gedrucktes, auf den 5. August 1475 datiertes Prachtwerk „Rudimentum novitiorum" ausstattete. Diese Karte gilt als die älteste gedruckte überhaupt. Sie verkörpert den sog. Sallusttyp der durch römische Tradition beeinflußten Rundkarten. Innerhalb eines Kreises ist die Erde T-förmig in die drei, damals bekannten Kontinente gegliedert. Asien nimmt die obere Hälfte der ostgerichteten Karte ein, Afrika und Europa, getrennt durch das als senkrechter Balken ausgebildete Mittelmeer, teilen sich in die untere.

Bereits ein erster Blick auf die Karte zeigt, daß sie für praktische Zwecke unbrauchbar ist. Eine Vielzahl wasserumflossener Hügel oder Inseln stellt grob die Länder der Erdteile dar, die ohne geographische Konturen einander nur in seltenen Fällen richtig zugeordnet sind. Nehmen wir unseren Bereich im Nordwesten als Beispiel, so ist Holsatia fernab von Dacia (Dänemark), aber unmittelbar benachbart Vinland (nördliches Amerika?), Gothia (Schweden) und Frisia (Friesland). Aller Kritik, die hierbei aufkommen mag, muß aber nachdrücklich entgegen-

8

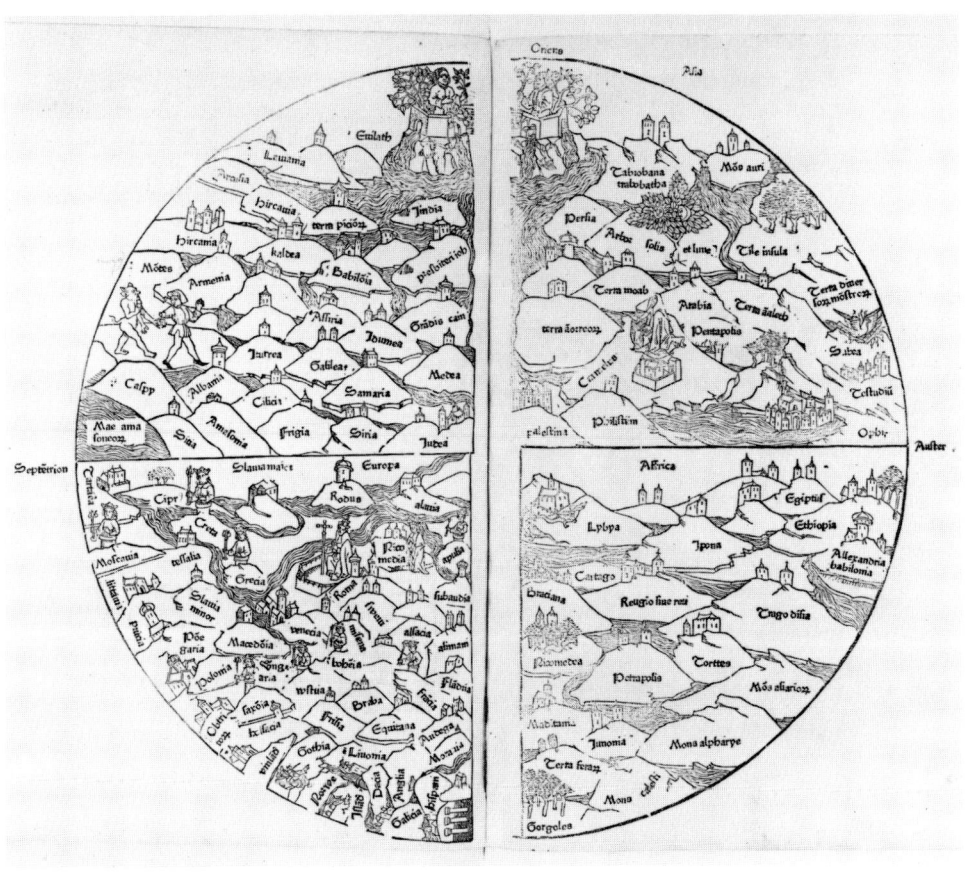

Abb. 1 Weltkarte im Rundformat nach christlich-mittelalterlicher Anschauung aus dem „Rudimentum novitiorum" des Lucas Brandis, Lübeck 1475. – Ostgerichtet; Holzschnitt; 36 cm Durchmesser; Bayerische Staatsbibliothek, München.

gehalten werden, daß die Karte eine hervorragende, geschlossene Darstellung eines christlichen Weltbildes bietet. Unterhalb eines Christen und eines Juden, die diskutierend auf Hügeln sitzen und von den Paradiesflüssen umschlossen sind, liegt axial ausgerichtet in der Mitte der Erdscheibe das Heilige Land, gekennzeichnet auch durch die aufragenden Bauten des nicht benannten Jerusalem. Als neues geistliches Zentrum wird Rom, der Sitz des Papstes und Hauptort Europas, durch Maueranlage und Figur eines geistlichen Fürsten hervorgehoben. Der christlichen Glaubenswelt entlehnt ist der Teufel hinter einem Menschen, dem er einen Arm abgerissen hat, oberhalb des Kaspischen Meeres.

Es finden sich allerdings auch zahlreiche Motive aus der antiken Mythologie: ,,Mons auri'' (Berg des Goldes) und ,,arbor solis et lune'' (Baum der Sonne und des Mondes), im Osten herausgestellt, gehen auf Berichte vom Alexanderzug zurück. Im Norden findet sich das ,,Mare Amasonearum'' (Amazonenmeer) und im Westen sind gleichsam wortwörtlich die drei Säulen des Herkules abgebildet. Diese Zutaten stehen im Einklang mit dem gelehrten Charakter des ,,Rudimentum novitiorum'', einer 474 Blätter umfassenden, reich illustrierten und verzierten Universalgeschichte, die als erstes Prachtwerk früher Lübecker Buchdruckerkunst entstanden ist. Der unbekannte Verfasser der in sechs Weltalter gegliederten Weltgeschichte befindet sich mit dem aus verschiedenen Quellen zusammengetragenen Textteil seiner Darstellung für unsere nördlichen Breiten bereits an der Schwelle zur Renaissance. Doch zeigt sich in der formalen Gestaltung der Lübecker Karte noch keine Spur einer neuen Weltbetrachtung, die sich zu dieser Zeit in Italien und im süddeutschen Bereich in der Kartographie durchsetzte.

Die Renaissance und das Weltbild des Claudius Ptolemaeus

Bei dem Zusammenbruch des byzantinischen Reiches, das in der zweiten Hälfte des 14. Jahrhunderts in osmanische Abhängigkeit geriet, brachten Flüchtlinge in ihrem Reisegepäck auch Abschriften von Werken des Alexandriner Gelehrten, Astronomen, Mathematikers und Geographen *Claudius Ptolemaeus* in den Westen. *Ptolemaeus* hatte aus naturkundlichen Beobachtungen die Kugelgestalt der Erde erschlossen. Seine um das Jahr 160 n. Chr. entstandene ,,Geographie'', eine Anleitung zum Kartenzeichnen, enthielt auf astronomischer und mathematischer Grundlage berechnete Koordinaten für rund 8000 Erdpunkte – Orte, Flußmündungen, Meeresbuchten, Inseln und Vorgebirge – und gab auch Hinweise für ihre Umsetzung in Kartenprojektionen. Eine lateinische Übersetzung von *Jacobus Angelus*, einem Mönch aus Scarperia in der Toskana, entriß diese mehr als tausend Jahre verschollene Erkenntnis antiker Gelehrsamkeit der Vergessenheit und bildete im Jahre 1406 den Auftakt zu einer stürmischen Entwicklung der abendländischen Kartographie. Waren die geographischen Fakten des *Ptolemaeus* auch weitgehend überholt oder für weite Gebiete, die zu seiner Zeit noch unerforscht oder unbekannt im Dunkeln lagen, gar nicht

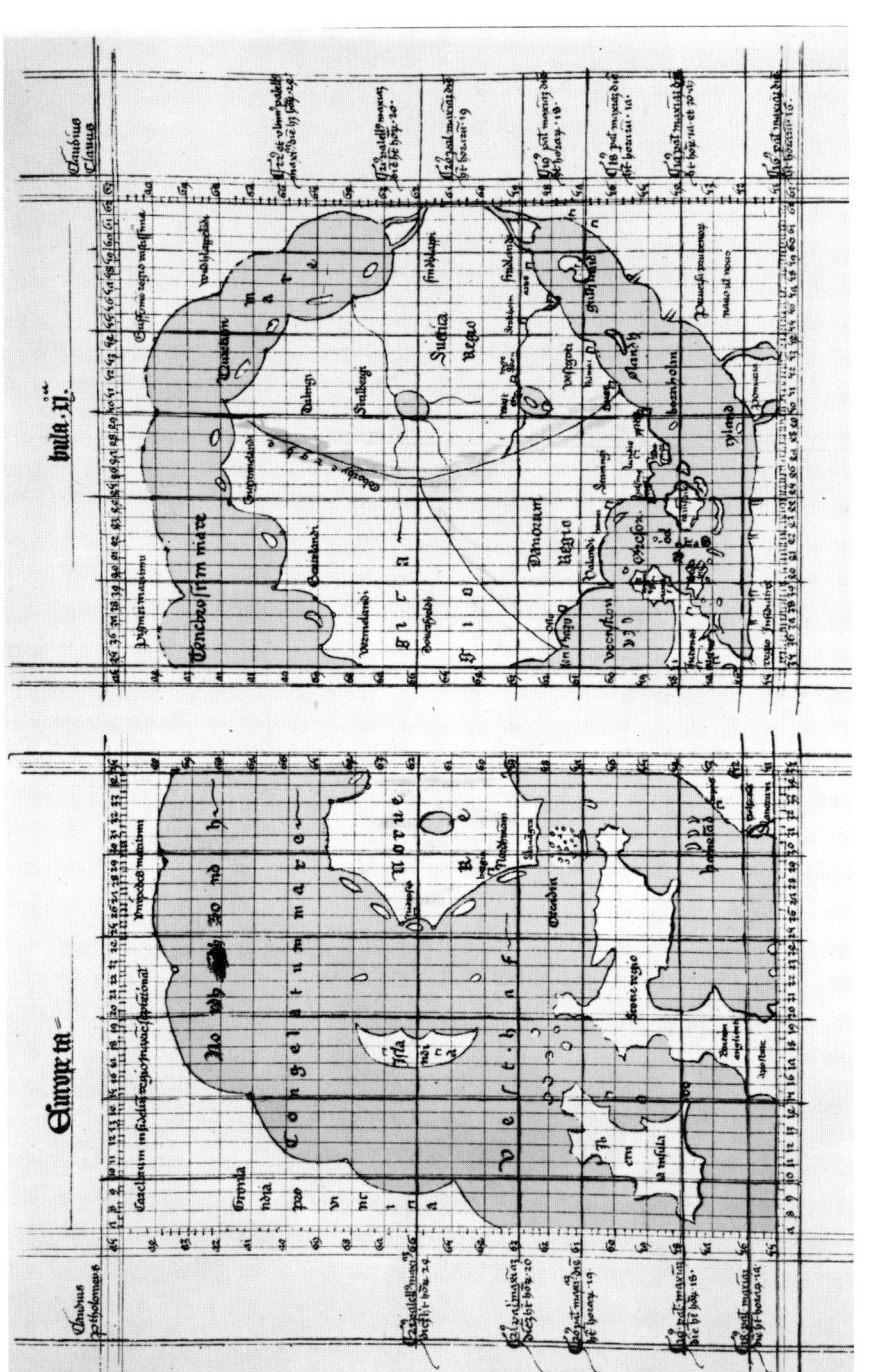

Abb. 2 Älteste Karte von Nordeuropa, Island und Grönland. Erste Ergänzung ptolemaeischer Überlieferung durch Claudius Clavus, abgezeichnet 1427 im Auftrage des französischen Kardinals Fillastre. – Kolorierte Zeichnung; 13,5 × 26 cm; Stadtbibliothek Nancy; hier abgebildet nach N. E. Norlund, Tafel 2.2.

vorhanden, so öffnete das neue Wissen um seine mathematischen Ansätze und Methoden doch entscheidend den Weg zur Vervollständigung des Weltbildes und zur exakten kartographischen Darstellung.

Die Aufarbeitung des skandinavischen Nordens zählte zu den frühesten Ergänzungen ptolemaeischer Überlieferung. Sie werden dem Dänen *Claudius Clavus* zugeschrieben, der im Jahre 1388 in Sallinge auf Fünen geboren und vermutlich in dem bedeutenden Kloster Sorö erzogen worden ist. Um das Jahr 1412 reiste er, wie die wenigen zeitgenössischen Quellen zu seinem Lebenslauf bezeugen, nach Italien und fand dort Zugang zu einflußreichen kirchlichen Würdenträgern. Sie mögen ihm die Kenntnis von der gerade fertiggestellten Ptolemaeus-Übersetzung des *Angelus* vermittelt, sein Interesse an der Kartographie geweckt und ihn angeregt haben, sein Wissen um die nördliche Heimat niederzulegen. Das Ergebnis seiner Arbeit, eine Karte Nordeuropas und eine Beschreibung Skandinaviens, ist in einer Abschrift überliefert, die Kardinal *Guillaume Fillastre*, päpstlicher Legat in Frankreich, zusammen mit der Angelus-Übersetzung und den dabei befindlichen zehn ptolemaeischen Karten in lateinischer Bearbeitung kopieren ließ. Er war sich ebenso wie andere seiner Zeitgenossen durchaus der Bedeutung von *Clavus'* Werk bewußt, erweiterte es doch — wenn auch in vorgefundenen Bahnen — zum erstenmal den bisherigen Kanon ptolemaeischer Kartenprojektionen um ein neues Exemplar für bislang unzureichend erschlossene Regionen.

Welchen Einfluß *Claudius Clavus* auf die Weiterentwicklung der Kartographie gewonnen hatte, konnte die Forschung der Neuzeit erst ermessen, als die von *Fillastre* veranlaßte Handschrift fast 400 Jahre später in der Stadtbibliothek von Nancy wiederentdeckt wurde und fortan Vergleiche mit anderen bekannt gewordenen Karten des 15. und 16. Jahrhunderts immer wieder *Clavus'* Nancy-Karte und eine nur indirekt erschlossene, jüngere Verbesserung als Vorbild identifizierten.

Clavus behielt für die cimbrische Halbinsel von der Elbe bis Skagen noch weitgehend die ptolemaeische Form bei. Sie ist gekennzeichnet durch eine Überlänge von fast zwei Breitengraden und durch einen scharfen Knick auf der Höhe etwa des 48. Breitengrades, wo die Küste um einen Winkel von fast 90° von Ost nach Nord verspringt und der Nordspitze Jütlands ein für lange Zeit charakteristisches Aussehen verleiht. Neu ist die Auflösung der ptolemaeischen Insel „Scandia" in die nördlichen Länder Norwegen, Halland, Schonen und Schweden, die Verselbständigung der Inseln Seeland, Fünen und einiger kleinerer Ostseeinseln sowie vor allem die Wiedergabe von Island und Grönland. Damit hatten diese Inseln und Länder, die bereits durch die Wikingerzüge zur Kenntnis des Mittelalters gekommen waren, nunmehr auch in die Kartographie Eingang gefunden.

Abb. 3 Nordeuropa umfassender Ausschnitt aus der Weltkarte des Donis Nicolaus Germanus, die in der Ptolemaeus-Ausgabe des Lienhart Holl, Ulm 1482, erschien. – Holzschnitt; 40 × 54 cm; Bayerische Staatsbibliothek, München.

3

Die Beschreibung Skandinaviens von *Claudius Clavus* verzeichnet auch Längen- und Breitengrade für einige Ortschaften, darunter für die schleswig-holsteinischen Städte Flensburg, Schleswig, Eckernförde, Kiel, Plön und die Travemündung. Sie werden in die Nancy-Karte, die nur Schleswig und Holstein als Landesteile der cimbrischen Halbinsel ausweist, nicht aufgenommen. Einzelne schleswig-holsteinische Orts-, Fluß- und Inselbezeichnungen wie Hamburg, Lübeck, die Trave, Alsen und Fehmarn finden sich erst in späteren Kartendrucken, als deren Vorlage die jüngere, nur erschlossene Karte des *Clavus* in einer Bearbeitung des deutschen Mönchs *Donis Nicolaus Germanus* anzusehen ist.

3   Die Donis-Karte erschien erstmals in einer in Ulm im Jahre 1482 von *Lienhart Holl* gedruckten Ptolemaeus-Ausgabe und erlebte zahlreiche Nachdrucke als Holzschnitt oder Kupferstich in den führenden Buchdruckerstädten Europas, so in Rom (1507, 1508), Krakau (1512), Straßburg (1513, 1520, 1522, 1525), Lyon (1535), Basel (1540, 1542, 1545, 1552), Venedig (1548, 1561, 1562, 1564, 1574, 1596, 1598, 1599), Köln (1597, 1608), Düsseldorf (1602), Arnheim (1617), Leiden (1618) und Padua (1621). Die Donis-Karte mit ihrer stark ostwärts gerichteten

4   Jütland-Darstellung hat auch die berühmte Reisekarte des *Erhard Etzlaub*, die Weltkarte von *Martin Waldseemüller* in der Straßburger Bearbeitung von *Lorenz Fries* (1507, 1525) und wohl auch *Leonardo da Vincis* Globus von 1514 beeinflußt. Hier soll nur näher eingegangen werden auf die Etzlaub-Karte, weil sie den ersten Weg in Schleswig-Holstein verzeichnet. Sie wollte den Pilgern, die sich im Heiligen Jahr 1500 auf den Weg nach Rom machten, Reiserouten zwischen den wichtigsten Städten empfehlen. In der südgerichteten Karte, die für den heutigen Betrachter also auf dem Kopf steht, wurden die Strecken durch gepunktete Linien wiedergegeben, wobei der Abstand zwischen den Punkten jeweils 10 000 Schritt oder eine Meile betragen sollte. Der Reiseweg in Schleswig-Holstein berührte, von Ripen kommend, Flensburg und Schleswig, führte an dem weit nach Westen herausgerückten Kiel vorbei nach Neumünster, Plön und Lübeck über Mölln an Hamburg vorbei nach Lüneburg und Celle Richtung Süden.

Die Donis-Karte allein prägte mehr als fünfzig Jahre das kartographische Erscheinungsbild Nordeuropas und fand auch später Aufnahme in die führenden Ptolemaeus-Ausgaben des 16. Jahrhunderts. Neue, qualitativ bessere Darstellungsformen hatten es schwer, sich durchzusetzen.

5   So erging es auch der prächtigen „Carta marina et descriptio septentrionalium terrarum", die der Schwede *Olaus Magnus* erarbeitet hatte. Der Geistliche, in Linköping 1490 geboren, hatte sich von Jugend an für Geographie interessiert und bei verschiedenen Reisen durch Norwegen und Schweden fleißig Material gesammelt. Vier Jahre nach dem Stockholmer Blutbad von 1520 ging er als Abgesandter des Königs Gustav Vasa nach Rom und verbrachte sein weiteres Leben auf diplomatischen

Abb. 4   Ausschnitt aus der für Pilger bestimmten Karte des Erhard Etzlaub zur Reise nach Rom im Heiligen Jahr 1500. – Südgerichtet; Holzschnitt von Georg Glogkendon; 41 × 29,5 cm; Bayerische Staatsbibliothek, München.

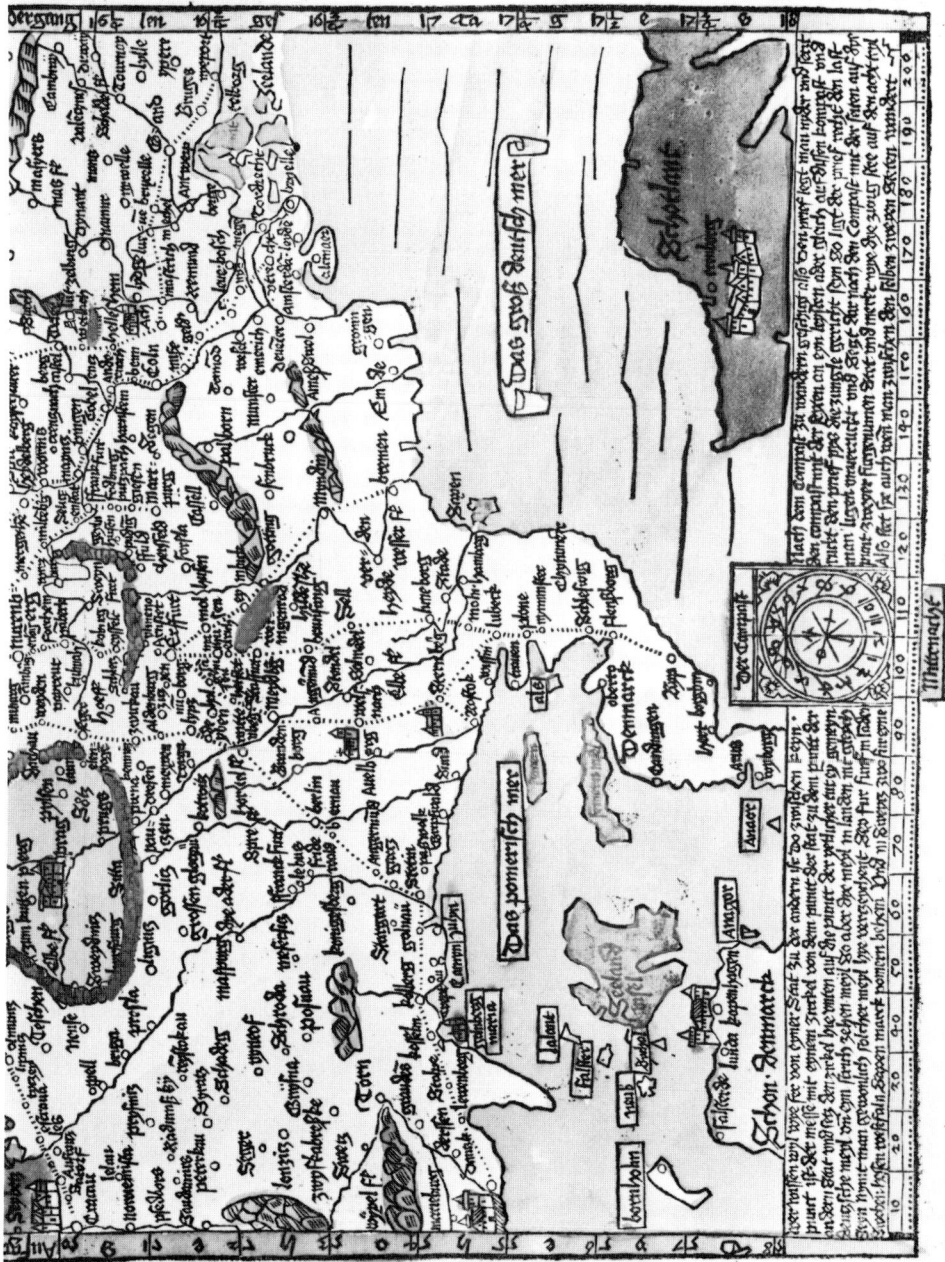

Missionen in Südeuropa. Eine Rückkehr nach Schweden verwehrten ihm die religiösen Verhältnisse in seiner Heimat, deren Rückgewinnung für den Katholizismus er bis zu seinem Tode 1557 anstrebte.

Gestützt auf ein reiches Wissen um die klassischen Schriftsteller und unter Heranziehung zeitgenössischer Segelanweisungen entwarf er auf der Grundlage von *Jacob Zieglers* Buch „Schondia" (1532), in dem die Koordinaten von annähernd 500 skandinavischen Orten aufgezeichnet waren, eine großformatige, aus neun Einzelblättern zusammengesetzte Karte der nordischen Länder. Ihr Druck wurde durch einen Zuschuß des Patriarchen von Venedig gefördert und durch den Apotheker Thomaso Rossi 1539 realisiert. Die Karte, die jeweils um eine gesonderte Beschreibung, einen Kommentar in lateinischer, deutscher und italienischer Sprache, ergänzt wurde, war äußerst reichhaltig mit Menschendarstellungen, Szenen von friedlichen und kriegerischen Geschehnissen, Staatswappen, Schriftkartuschen, Schiffstypen, Tierbildern, Seeungeheuern und Fabelwesen verziert. Spätere Kartendrucker haben ihr gern Schmuckmotive entlehnt und die heutige Forschung weiß ihren kulturhistorischen Wert zu schätzen. Das Netz der Breiten- und Längengrade verrät die geringe Kenntnis, die *Olaus Magnus* auf mathematischem Gebiet hatte; die skandinavische Halbinsel erstreckt sich über den 90. Breitengrad hinaus. Aber die Darstellung der Küstenformen ist besser getroffen als bei allen Vorgängern. Die cimbrische Halbinsel ist gegenüber der sonstigen ptolemaeischen Überlieferung stärker aufgerichtet. Darüber hinaus ist die Karte um zahlreiche neue Ortsnamen erweitert und um topographische Details ergänzt.

Bei allem Reiz, der von dieser Karte als graphischer Leistung ausgeht, ist sie jedoch überfordert, wollte man ihre Aussagen mit heutigen Maßstäben messen. In Schleswig-Holstein, das ganzheitlich unter dem Begriff Holsatia gefaßt wird, finden sich z. B. erstmals Gottorf, aber südlich von Kiel, Husum und Lunden auf gleicher Höhe und auch Eutin genannt; im Herzogtum Lauenburg werden Ratzeburg und Ritzerau erwähnt, Mölln weit nach Osten verschoben. Vor allem wird erstmals das Danewerk, MVNIMENTVM DANAVIRKE, als mit fünf Türmen bewehrte Mauer, von eben südlich Tondern quer über die Halbinsel bis Schleswig verlaufend, dargestellt. Die Nennung dieser topographischen Einzelheiten macht den Aussagewert der Karte aus, nicht so sehr die Richtigkeit ihrer geographischen Lage. Diese Anforderungen erfüllen zu dieser Zeit auch kleinräumige Karten mit größerer Ortsnähe nicht, wie wir sie fortan in Schleswig-Holstein selbst vereinzelt antreffen.

Abb. 5   Ausschnitt aus der „Carta marina", aus der Meereskarte und Beschreibung der nördlichen Länder, von Olaus Magnus, Venedig 1539. – Holzschnitt; 125 × 170 cm; gedruckt von neun Stöcken zu je 41 × 54 cm; Bayerische Staatsbibliothek, München.

Die ältesten handgezeichneten Prozeß- und Verwaltungskarten in Schleswig-Holstein

In den Jahren 1525 bis 1529 bauten die Städte Hamburg und Lübeck mit Einverständnis König Friedrichs I. von Dänemark den Alster-Beste-Kanal, der über die Trave eine direkte Verbindung zwischen den beiden Hansestädten herstellte. Gleich zu Baubeginn erhob Herzog Magnus I. von Sachsen-Lauenburg gegen Hamburg und Lübeck – gegen König Friedrich I. traute er es sich aus guten Gründen nicht – Klage bei dem Reichskammergericht in Speyer, da er sich in seinen Rechten an der Elbe, insbesondere den Einnahmen aus der Elbschiffahrt und den Zöllen auf dem alten Stecknitzkanal beeinträchtigt fühlte. In seinen Gegenvorstellungen betonte Hamburg, daß der neue Kanal weder die herzoglichen Gerechtsame an der Elbe schmälere, noch überhaupt lauenburgisches Gebiet berühre. Es stellte dem Gericht anheim, die Richtigkeit seiner Angaben durch rechtsüblichen Augenschein überprüfen zu lassen und beantragte schließlich die Einsetzung einer Gerichtskommission. Noch bevor diese tätig werden konnte, reichte Hamburg am 21. Oktober 1528 in doppelter Ausfertigung eine Karte über das strittige Objekt ein. Diese ostgerichtete Karte ist erhalten und bildet die älteste handgezeichnete Karte aus Schleswig-Holstein.

Nach der Art mittelalterlicher Karten in Rundformat gehalten, stellt sie den Verlauf des Alster-Beste-Kanals und seine nähere Umgebung dar. Sie dient ganz der Erläuterung des Hamburger Rechtsstandpunktes und ist in ihrer Anlage auf seine Absicherung ausgerichtet. Lauenburgisches und holsteinisches Territorium sind durch unterschiedliche Farbgebung deutlich voneinander abgesetzt; der Kanal selbst liegt weit von der lauenburgischen Grenze entfernt auf holsteinischem Gebiet. Allerdings berücksichtigt die Karte nicht, daß die Lauenburger Herzöge seit dem Jahre 1475 Besitzer des Gutes Tremsbüttel waren, das mit einigen Dörfern direkt an den Kanal grenzte. Für dieses Gut gestand der holsteinische Nachbar lediglich die Grundherrschaft, nicht aber die von Lauenburger Seite beanspruchte Landeshoheit zu.

Für den gedachten Zweck reichte diese etwas lässige, aus der Vogelschau gezeichnete Karte völlig aus. Die beigegebenen topographischen Einzelheiten haben Signaturcharakter. Die Städtebilder von Hamburg und Lübeck sind ihrer Größe nach unterschieden und abgesetzt von Ratzeburg, Mölln und Lauenburg sowie Trittau, Oldesloe und Sülfeld, geben aber mit ihren stereotypen Motiven keine besonderen Anhaltspunkte. Bemerkenswert sind die Brücken bei Sülfeld und Mölln, die Hinweise auf Stecknitz- und Elbschiffahrt und die Hervorhebung des burgbekrönten Segeberger Kalkberges sowie der Süllberger Höhen an der Elbe. Neumünster dient mehr der Richtungsangabe ebenso die außerhalb des Kartenbildes angebrachte Bezeichnung Dänemark, die für Norden stehen könnte.

18

Abb. 6 Karte des Alster-Beste-Kanals, die von der Hansestadt Hamburg im Jahre 1528 als Beweismittel im Prozeß gegen den Lauenburger Herzog einge-reicht wurde. – Ostgerichtet; farbige Zeichnung; 32,2 × 38,7 cm; 28,4 cm Durchmesser des Rundbildes; Schleswig-Holsteinisches Landesarchiv, Schleswig.

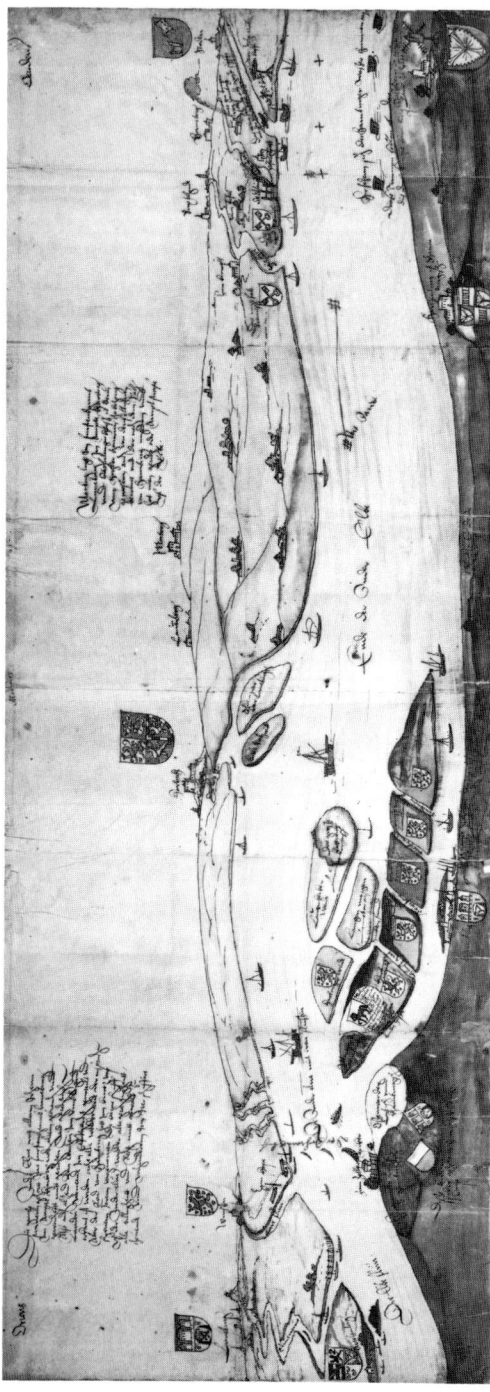

Abb. 7 Vermutlich im Auftrage der Herzöge von Braunschweig-Lüneburg und Harburg um 1555 gefertigte Karte über das Stromspaltungs-gebiet der Elbe bei Hamburg. Sie betont die Süderelbe als Hauptstrom. (Vgl. dagegen Abb. 9). – Südgerichtet; kolorierte Handzeichnung; 38,7 × 106,8 cm; Museum für Hamburgische Geschichte, Hamburg.

Abb. 8 Der Stromverlauf der Unterelbe von Uetersen bis Brokdorf ist auf der Lorichs-Karte von 1568 in der Länge zusammengedrängt und in der Breite überbetont. Die im einzelnen bezeichneten Tonnen und Baken spiegeln die Fürsorge der Hansestadt für die Schiffahrt wider. – Kartenausschnitt; siehe Abb. 9.

Hamb. Tonne am Pagensand

Hamb. Tonne a. Grauerort-Sand

Hamb. Tonne
a. d. Stadersand

8

9

Brook   Hamburg-Grasbrook   Grandeswerder   (Rethwarder)
chenloch   Grevenhof   (Sauenstrom)   Peute   Kaltenhofe
Roß   [Reiherstiegsland]   Veddel
t   Reiherstieg   Kattwyk   (Schedelgrove)   Rodenhuß   (Wolbecke)   (Otterhacke)
     Finkenriek   (Sauenstrom up der Grove)   Schlüsgrove   Stillhorner Weide
Ellerholzweide   Moorburger Weide   Lauenbrucher   Harb. Kornweide   Stillhorner Kirche
agensand   Moorburger Sand   Weide   (Sökefrund)   Neuländer Körnweide
(Up de Hornspieker)   Kleine Kattwyk   (Grotte Ordt)
Moorburger Kirche   Moorburg   Lauenbruch   Harburg

Diese Prozeßkarte kann sich mit ihren Nachfolgern in keiner Weise messen. Welche Vervollkommnung die Kartographie in den folgenden Jahrzehnten erfuhr, verdeutlicht besonders die Elbkarte des *Melchior Lorichs*. Auch sie entstand als Prozeßunterlage. Seit der Mitte des 16. Jahrhunderts hatte die Hansestadt Hamburg vor dem Reichskammergericht eine Klage gegen Herzog Otto von Harburg aus dem Hause Braunschweig-Lüneburg und gegen die Städte Lüneburg, Stade und Buxtehude anhängig. Sie versuchte gerichtlich die Anerkennung ihres Stapelrechts durchzusetzen, wonach alle Elb- und Seeschiffe, die stromauf oder stromab fuhren, in Hamburg anlegen, Zoll bezahlen und ihr Korn zuerst auf dem Hamburger Markt anbieten mußten. Als der Prozeß im Jahre 1567 einer entscheidenden Phase zustrebte, gelang es der Hansestadt – für ihre Gegner überraschend – bei einem Zeugenverhör in Lübeck *Lorichs* Elbkarte als beschworenen Zeugenbeweis bei einer reichskammergerichtlichen Untersuchungskommission einzubringen. Die Darstellung ging weit über die strittigen Orte hinaus, die vor allem in dem Stromspaltungsgebiet der Norder- und Süderelbe lagen. Es galt insbesondere die Strombreite der Norderelbe als Hauptschiffahrtsweg hervorzuheben und damit eine Karte zu widerlegen, die schon früher von der Gegenpartei in Auftrag gegeben und dem Gericht vorgelegt worden war. Ferner waren die Hamburger aus politischen Erwägungen bestrebt, mit der Wiedergabe der gesamten Niederelbe die hansestädtische Fürsorge für die Tonnen und Baken auf dem Schiffahrtsweg zur Nordsee zu betonen. Der darüber hinausgehende Karteninhalt ist gleichsam eine Zugabe des Zeichners, der hier seine Kunstfertigkeit und Gelehrsamkeit unter Beweis stellen konnte. Mit einer für damalige Zeit erstaunlichen Genauigkeit und Gewissenhaftigkeit hat er die rückwärtigen Uferzonen beiderseitig der Elbe mit ihren Landschafts- und Ortsbildern dargestellt. Dieser Reichtum an topographischen Einzelheiten, die bei den wichtigeren Bauwerken wie Kirchen und Festungen auch dem wirklichen Erscheinungsbild nahekommen dürften, macht für uns den bleibenden Wert dieser gut zwölf Meter langen und ein Meter hohen, schwarz umrandeten Karte aus.

Die Gestaltung der Details, der Einsatz der Farbe und die Pinselführung mit ihren klaren, festen Konturen verraten den weitgereisten, erfahrenen Fachmann und Künstler. Als Sohn eines begüterten Ratsherrn um 1526 in Flensburg geboren, hatte *Lorichs* nach einer Goldschmiedelehre mit königlich-dänischer Unterstützung Reisen nach Süddeutschland, an den kaiserlichen Hof nach Wien, in die Niederlande und nach Italien unternommen, wo er bleibende Eindrücke von der

Abb. 9   Ausschnitt aus der Elbkarte von Melchior Lorichs, die, 1568 gefertigt, als beschworener Zeugenbeweis der Hansestadt Hamburg beim Reichskammergericht in Speyer eingereicht wurde. Im Gegensatz zu Abb. 7 hebt sie im Stromspaltungsgebiet der Elbe die Norderelbe als Hauptstrom hervor. – Farbige Sepiazeichnung; etwa 109 × 1215 cm; bestehend aus 44 Blättern je 44,5 × 56,5 cm in zwei Reihen übereinander und einer dritten Reihe von 11 cm Höhe; Staatsarchiv, Hamburg.

Kunst des genialen Michelangelo empfing. Im Jahre 1556 erhielt er schließlich Gelegenheit, mit einer kaiserlichen Gesandtschaft nach Konstantinopel zu reisen. Gegen Ende seines dreieinhalbjährigen Aufenthalts schuf er einen Prospekt dieser Stadt, der in der Ausstattung und den Ausmaßen von gut 12 m Länge und etwa 1 m Höhe der späteren Elbkarte ähnelte. Die übrigen Leistungen des vielseitig begabten *Lorichs*, der als Maler, Kupferstecher, Architekt, Dichter und Verfasser von Reisebeschreibungen am kaiserlichen Hof (1561–1566), in der Hansestadt Hamburg (1567–1575), am dänischen Königshof (ab 1580) wirkte und möglicherweise auf oder kurz nach einer Afrikareise starb, müssen wir hier übergehen. Doch bleibt festzuhalten, daß er – wie auch andere Karten von ihm belegen – über die notwendigen theoretischen und praktischen Kenntnisse eines gelehrten Kartographen seiner Zeit verfügte. Er kannte die einschlägige Literatur, war mit Kompaß und Meßscheibe vertraut und befragte bei der Arbeit auch „Erfahrene des Ortes".

Aus der Zeitgebundenheit, der perspektivischen Darstellung und der künstlerischen Gestaltung seines Werkes ergeben sich allerdings bestimmte Verzeichnungen. Manche Orte, insbesondere die weiter zum Landesinnern liegenden, stimmen nicht immer in der Relation zueinander und „sind gewiß nur nach abgeschätzten Entfernungen eingezeichnet worden. Auch hat der Zeichner den Flußlauf auf seiner Karte, besonders nach der Mündung zu, in der Länge zusammengedrängt, in der Breite etwas auseinander gezogen. Ferner sind im Vergleich zur Wirklichkeit die kleineren Krümmungen der Ufer und Nebenflüsse zu stark, die größeren Krümmungen im Stromverlauf, die vom Schiff aus nicht zu erkennen sind, zu schwach dargestellt" (J. Bolland).

Die Leistung *Lorichs'* kann trotz dieser Einschränkungen gerade hinsichtlich ihrer topographischen Feinheiten nicht hoch genug angesetzt werden, wie die Gegenüberstellung mit einer von unbekannter Hand nach Augenschein etwa zur gleichen Zeit im Jahre 1567/68 gefertigten Skizze über einen anderen strittigen Grenzverlauf besonders verdeutlichen mag. 10

Bei der Revision und genaueren Abstimmung der Anteile, die König Friedrich II. von Dänemark und die Herzöge Adolf von Gottorf und Johann d. Ä. von Hadersleben nach der Eroberung Dithmarschens im Jahre 1559 vorläufig unter sich aufgeteilt hatten, versuchten der Landvogt Marcus Swin und andere Eingesessene des Norderdritteils, eine Änderung der Grenze gegenüber dem Mitteldrittelteil Dithmarschens zu erreichen. Eine rohe, ostgerichtete Karte, die der Verdeutlichung ihres Standpunktes diente, bietet mit Texthinweisen auf die nördlich gelegene Eider und die westlich gelegene Insel Büsum, mit großen Kirchensignaturen für die Kirchorte und Häusern für die Dorfschaften, mit Windmühlen, mit der Hervorhebung der Stellerburg und dem Geestkern bei Wittenwurth sowie dem stark schematischen Wegenetz gute Orientierungshilfen. Die unterschiedlichen Grenzverläufe sind deutlich voneinander abgesetzt; eine schwarze Linie stellt die von den königlichen und fürstlichen Räten festgesetzte Grenze dar, die rote die

nach Marcus Swins Meinung „richtigste Schede". Die Angaben von Landnutzungen insbesondere im strittigen Steller Gebiet, von der Zugehörigkeit einzelner Landstücke zu bestimmten Ortschaften und von verschiedenen Landgrößen, die bei der nachweisbaren Beteiligung von Landmessern sicherlich zutreffen, sind darauf ausgerichtet nachzuweisen, daß der Austausch von Gebietsstücken für keinen der betroffenen Landesherren Nachteile bringen werde. Diese „Contrafractur", die nach Art alter Rotuli aus aneinander genähten Folioblättern besteht, ging mit einem der Hauptschreiber, Benedictus Bendsen, zur näheren Erörterung an die Teilungskommission der drei Fürsten. Als eine der frühesten überlieferten Verwaltungskarten fiel sie ihrem Verwendungszweck entsprechend bescheiden aus.

Die Qualität und das Niveau einer Karte waren ebenso von ihrem Zweck wie von der Kunst des Kartenzeichners und nicht weniger von der Stellung ihres Auftraggebers wie dem Rang des Empfängers bestimmt. Ein herausragendes Beispiel bieten die Arbeiten des aus Dithmarschen gebürtigen Malers und Kartographen *Daniel Frese*, der im Jahre 1570 nach Lüneburg berufen wurde und dort, von kurzen Unterbrechungen abgesehen, bis zu seinem Tode 1611 lebte. Hier malte er neben verschiedenen Gemälden auch die Decke des Fürstensaales im Rathaus aus, fertigte 1574 einen Abriß Lüneburgs und half seiner Heimatstadt durch mancherlei kartographische Werke in den Auseinandersetzungen mit den braunschweig-lüneburgischen Herzögen. Zu seinen bekannteren Werken gehört die sog. „Mecklenburgische Schifffahrt", ein im Jahre 1605 entstandener über 5 m langer und 56 cm hoher Bildstreifen über die Wasserstraße von Dömitz nach Wismar. So ging sein Wirkungskreis weit über die Stadt Lüneburg hinaus. Für unseren schleswig-holsteinischen Raum ist *Daniel Frese* als Kartograph in dreierlei Hinsicht von Bedeutung: als Kartenzeichner für Lübeck, für *Heinrich Rantzau* und für Graf *Adolf XIV. von Holstein-Schauenburg*. Er begegnet uns erstmals in den Jahren 1576/77 bei Prozessen der Hansestadt Lübeck mit den Lauenburger Herzögen.

Als Lübeck im Jahre 1562 auf der ihm gehörigen Feldmark Sirksfelde Jagd halten ließ, die Fangnetze schon aufgestellt waren und das Jagdtreiben begonnen hatte, kam der Lauenburger Herzog Magnus II. darüber zu. Er beschlagnahmte Beute und Netze unter der Behauptung, letztere griffen bereits auf die Feldmark des lauenburgischen Dorfes Linau über. In dem daraufhin beim Reichskammergericht angestrengten, langwierigen Prozeß forderten beide Parteien, von dem strittigen Ort „den

Abb. 10 Ausschnitt aus einer Karte über eine strittige Grenzregulierung zwischem dem Norder- und Süderdrittenteil Dithmarschen 1567/68. Die Linie, die in der Abbildung schwächer erscheint, ist rot gezeichnet und gibt die von dem Landvogt Marcus Swin und Eingesessenen des Norderdrittteils gewünschte Grenzänderung wieder. – Ostgerichtet; Zeichnung; 74,2 × 42,6 cm; bestehend aus drei aneinandergenähten, überlappenden Folioblättern von 31; 31,5 und 15,4 cm Höhe und jeweils 42,6 cm Breite; Schleswig-Holsteinisches Landesarchiv, Schleswig.

Abb. 11 „Abriß des . . . streitigen Orts" Sirksfelde, von Daniel Frese 1576 als
Beweismittel gezeichnet im Prozeß der Hansestadt Lübeck gegen den Lauenburger Herzog, der die Lübecker bei der Ausübung ihres Jagdrechts behindert
und Beute und Stellnetze beschlagnahmt hatte. – Farbige Zeichnung; 55,8 ×
123,3 cm; Schleswig-Holsteinisches Landesarchiv, Schleswig.

DWENSE

RITZEROW

OSTEN

POGGEN SEE

BYKE RITZEROW

NVSSE

Getillen vnnd gecontrfeit
durch M. Danielen Frese
Maler zu Lunenburg.
A: 1576.

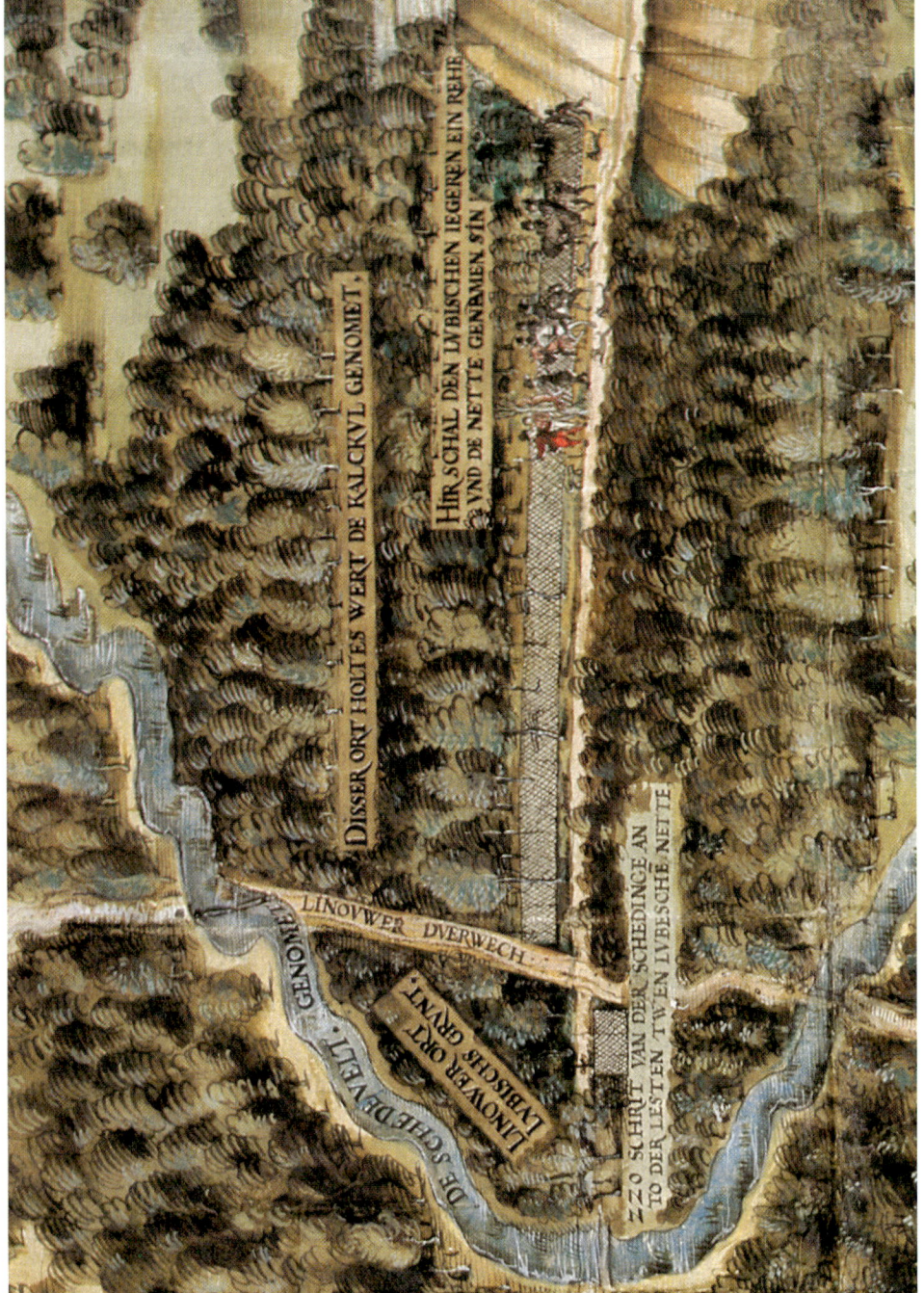

HIR SCHAL DEN LVBISCHEN IEGEREN EIN REHE
VND DE NETTE GENAMEN SIN

DISSER ORT HOLTES WERT DE KALCKVL GENOMET.

LINOVWER DVERWECH

ZZO SCHRIT VAN DER SCHEDINCE AN
TO DER LESTEN TWEN LVBESCHE NETTE

DE SCHEDEVELT GENOMET

LINOVWER ORT
LVBESCHE GRVNT.

Augenschein einzunehmen". Die aus dem Lüneburger Rat bestehende Untersuchungskommission, auf die sich Lübeck und Lauenburg schließlich geeinigt hatten, vereidigte den Maler *Daniel Frese* auf diese Aufgabe. Sein „glaubwürdiger Abriß des ... streitigen Orts" aus dem Jahre 1576 erfüllte den Zweck der Beweisaufnahme vollkommen. Aus ihm geht zweifelsfrei hervor, daß das Geschehen sich auf lübschem Boden abgespielt hatte. Soweit anhand jüngerer Flurkartenüberlieferung verifizierbar, hat *Frese* das Bild der Feldmark Sirksfelde und der direkt angrenzenden Teile von Linau und Wentorf gut getroffen. Auch die Darstellung des Ortes Nusse und des Dorfes und Hofes Ritzerau, die die Kommission auf ihrem Weg vom Sitzungsort Mölln nach Sirksfelde wohl durchfuhr, ist offensichtlich recht wirklichkeitsgetreu wiedergegeben. Die langen, schmalen, leicht gewölbten Streifen der Ackerflur, ihre vielfältige Untermischung mit Waldungen, die Umzäunungen der Dörfer und ihrer Häuser, die Befestigung der Furten und die Jagdszene sind anschaulich und gefällig gezeichnet. Doch sind die rundum benachbarten Orte keineswegs immer ihrer richtigen Lage entsprechend angedeutet, sind teilweise Kirchen als Signaturen verwandt worden, obwohl am betreffenden Ort keine vorhanden waren, und sind nur diejenigen Ortschaften als Orientierungshilfen aufgenommen, die ganz oder teilweise in lübschem Besitz waren.

11, 12

Auch in einem zweiten, weitaus präjudizierlicheren Prozeß zwischen Lübeck und Lauenburg, das den Hansestädten Besitz- und Jagdrecht auf der Duvenseer Feldmark bestritt, hat eine reichskammergerichtliche Kommission den Ort des Geschehens jenseits der Dörfer Nusse und Ritzerau in Augenschein genommen und ihn im Jahre 1577 durch den wiederum vereidigten *Frese* abreißen lassen. Die Einzelheiten sind – sicherlich auch wegen des kleineren Gebietsumfangs – noch wirklichkeitsgetreuer gezeichnet; z. B. wird der direkte Weg von Nusse nach Hof Ritzerau hinzugefügt und das Dorf Ritzerau präziser mit Weggabelung und Hofstellen beiderseits der Straße dargestellt. Die beiden Orte Sirksfelde und Duvensee sind nur als Signaturen dargestellt; auf weitere Dörfer wurde auch andeutungsweise verzichtet.

13

Bei diesen Beispielen früher handgezeichneter Prozeßkarten müssen wir es bewenden lassen. Eine etwas jüngere Karte über Zoll- und Weidegerechtigkeiten bei Fredeburg, die *Hans Frese* im Jahre 1594 gezeichnet hatte, liegt nur in späterer Kopie vor. Den nicht gerade reichlich überlieferten Prozeß- und Verwaltungskarten des 16. Jahrhunderts ist gemeinsam, daß sie im Rahmen gerichtlicher Auseinandersetzungen als Anschauungs- oder Beweismittel entstanden. Sie bedienten sich durchweg der perspektivischen Darstellungsform, die der Landschaftsmalerei eng verbunden ist, von vornherein gewisse Verzerrungen mit sich bringt und maßstabsgerechte Entfernungsangaben verbietet.

◀ *Abb. 12 Ausschnitt aus der Frese-Karte von 1576, der das Jagdgeschehen ebenso verdeutlicht wie das Heranreiten des Lauenburger Herzogs und seines Gefolges, aber auch eindeutig belegt, daß sich das streitige Geschehen auf lübschem Boden 220 Schritt vor der lauenburgischen Gemarkung Linau abspielte. – Siehe Abb. 11.*

Abb. 13 Von Daniel Frese 1577 gefertigte Prozeßkarte von der Duvenseer Feldmark mit Stellnetz für die Jagd und mit Einzeichnung des hoch aufragenden, mittlerweile eingeebneten Gatellinewalls. – Farbige Zeichnung; 73,7 × 87,7 cm; Schleswig-Holsteinisches Landesarchiv, Schleswig.

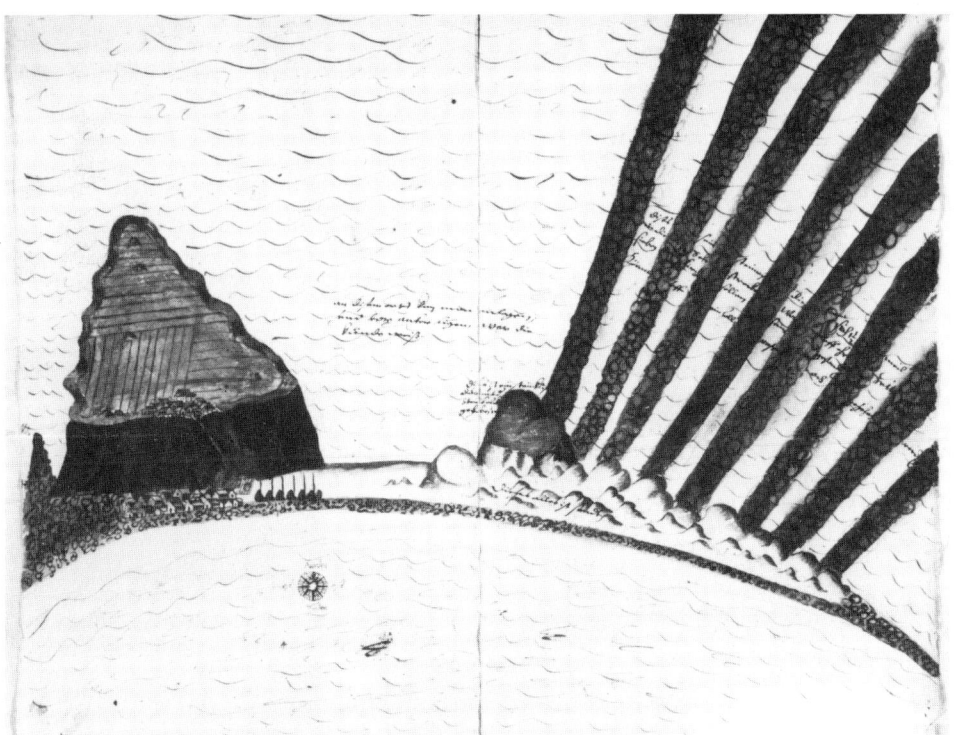

Abb. 14 Älteste Karte der Felseninsel Helgoland, deren Unterland noch mit der Sanddüne und dem darauf befindlichen Kalkbruch verbunden ist; um 1570 Kolorierte Zeichnung; 33 × 40,6 cm; Schleswig-Holsteinisches Landesarchiv, Schleswig.

Die Karten sind streng auf das streitige Objekt ausgerichtet und bei darüber hinausgehenden Angaben nur sehr begrenzt zuverlässig. Wesentliche Voraussetzung für ihre Auswertung ist das Wissen um Entstehungsursache und -zweck sowie um ihren Verfasser. Die notwendigen Informationen lassen sich zumeist nur aus den Akten gewinnen, als deren integraler Bestandteil sie zu gelten haben. Ohne Kenntnis des gerichtlichen oder administrativen Sachverhalts geht ihre Interpretation leicht in die Irre oder wird bei Verlust des ursprünglichen Registraturzusammenhangs wesentlich erschwert. So verhält es sich mit der ältesten von der Insel Helgoland überlieferten Karte. Sie zeigt die Felseninsel halb perspektivisch, hoch aus dem Meer aufragend. Auf dem in Ackerflure aufgeteilten Oberland findet sich am Südrand eine Häusersiedlung mit der Kirche. Die Verbindung zum Unterland führt über eine Treppe zu einer größeren Häusergruppe, neben der Boote auf Land gezogen liegen. Mit der Insel ist ein hügeliger Sandhaken verbunden, aus dem das sog. Wittenkliff herausragt, das, zu dieser Zeit laut Beschriftung noch als Kalkbruch genutzt, in der Sturmflut von 1711 zerstört wurde. In nordöstlicher Richtung erstrecken sich im Meer über

14

1½ Meilen acht schematisiert dargestellte Steinriffe, zwischen denen und der Insel für den Ortskundigen ein guter Ankerliegeplatz ausgewiesen ist. Die Beschriftung, daß sich auf den Steinriffen ehemals sieben Kirchen befunden haben sollen, greift eine im 16. Jahrhundert verbreitete Sage auf, die in *Heinrich Rantzaus* „Cimbricae Chersonesi . . . Descriptio", seiner Beschreibung der cimbrischen Halbinsel von 1597, ebenso überliefert ist wie eine Nachricht von der Befestigung der Insel zur Zeit Herzog Adolfs von Gottorf († 1586). Von der Fortifikation, die auf Karten des 17. Jahrhunderts eingezeichnet ist und die nach einer jüngeren Arbeit mit der nachgewiesenen Belegung Helgolands mit Soldaten und Geschützen im Jahre 1572 in Verbindung gebracht wird, findet sich auf der ältesten Helgoland-Darstellung keine Spur, so daß ihre Entstehungszeit um das Jahr 1570 angesetzt wird.

Die bislang vorgestellten Karten sind Ergebnis und Spiegel des kartographischen Entwicklungsstandes ihrer Zeit. Sie bilden auf Grund ihrer Zugehörigkeit zu Akten, die sie der allgemeinen Zugänglichkeit entzog, kein direktes Vorbild für Fortschritte in der Kartographie; sie finden keine unmittelbare Verwendung in zeitgenössischen Topographien. Ihre Wertung und Einordnung in größere Zusammenhänge blieb der jüngeren Forschung vorbehalten, die sie durch mehr zufälliges Auffinden oder systematisches Aufspüren vielfach erst Jahrhunderte später an die Öffentlichkeit brachte, für die sie nicht gedacht waren. Diese Aussage gilt mit gewissen Einschränkungen auch für die sog. „Pinneberger Landtafel" des *Daniel Frese* aus dem Jahre 1588. In ihrer stattlichen Größe von fast 4,5 m Höhe und 5 m Breite und mit stark ölhaltiger Temperabindung auf Leinen gemalt, war sie von vornherein auf Weitsicht berechnet und als Wandtafel angelegt. *Frese* hatte im Namen des in Stadthagen, Westfalen, residierenden Grafen *Adolf XIV. von Holstein-Schauenburg* (1547–1601) den Auftrag erhalten, „alle Grentze vnd Schiedestein, Dorffer, alle Holtzung vnd Sehe, die Awen vnd Becken, war die anfangen vnd in die Elbe laufen mit all ihren Gestalten vnd Namen, alle Heidtloe, alle Weide, Weidesschlußen vnd Wateringe, ja den gantzen Ochsenwech von Bramstede nach Wedel auch die Buwe vnd Vischerei in der Elbe" abzureißen, soweit sie zum schauenburgischen Anteil an Holstein gehörten. Er benötigte für diese Aufgabe zusammen mit einem Gehilfen drei Jahre und löste sie in der uns aus den Prozeßkarten bekannten Verbindung von kartographischer Flächen- und perspektivischer Körperdarstellung. Diese Karte, die verschiedenfarbig die schauenburgischen, holsteinischen, ahlefeldschen, klösterlich-itzehoeischen, sächsischen und bremischen Besitzungen am Unterlauf der Elbe wiedergibt, ist im Gegensatz zu den bisher behandelten Darstellungen aus sich heraus verständlich durch eine

15, 16, 18

Abb. 15 Der nordwestliche Kartenausschnitt aus der „Pinneberger Landtafel" des Daniel Frese, 1588, verdeutlicht durch farbliche Absetzung die unterschiedlichen Besitzverhältnisse am Unterlauf der Elbe. – Farbige Zeichnung; etwa 450 × 500 cm; Schloß Bückeburg.

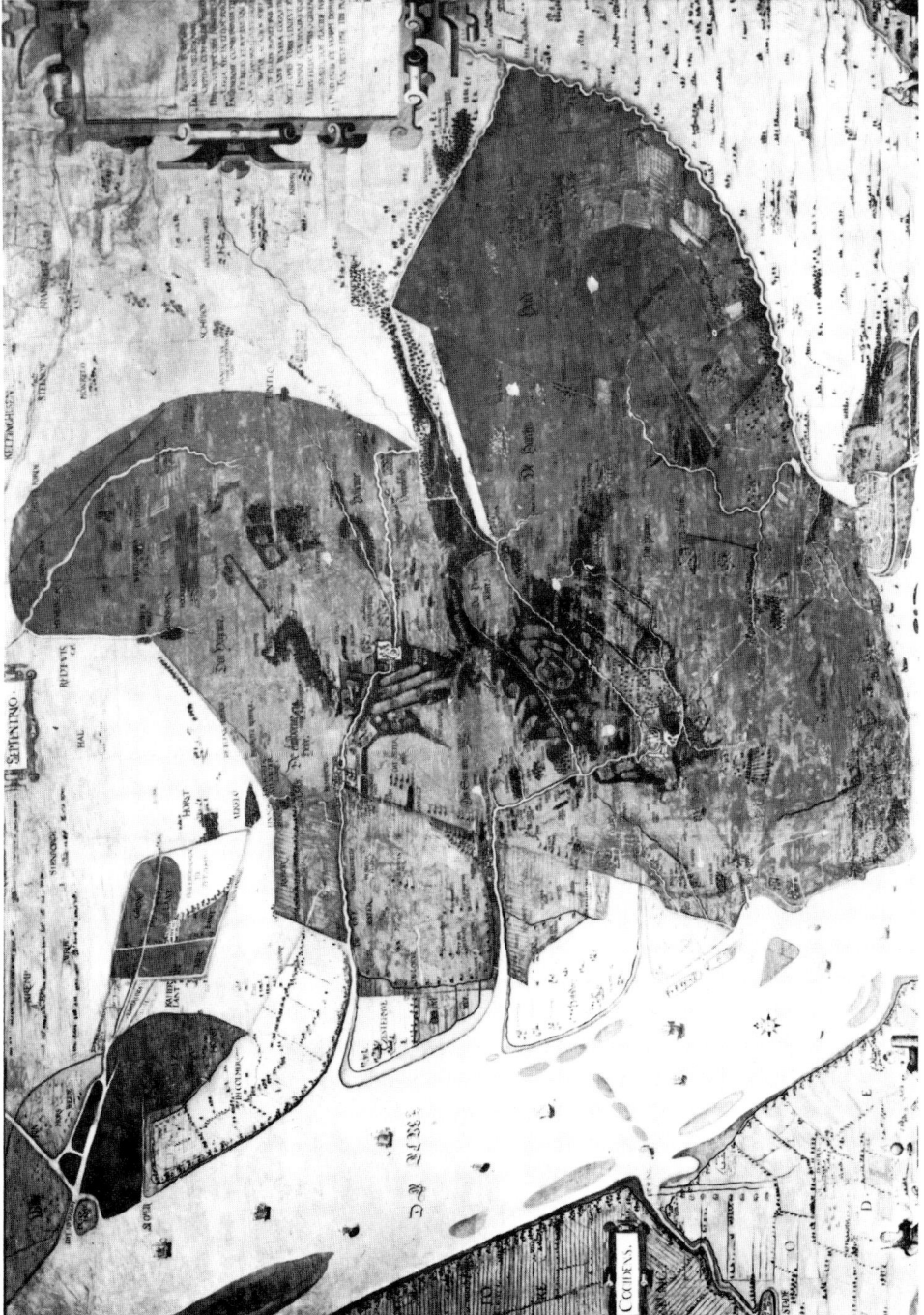

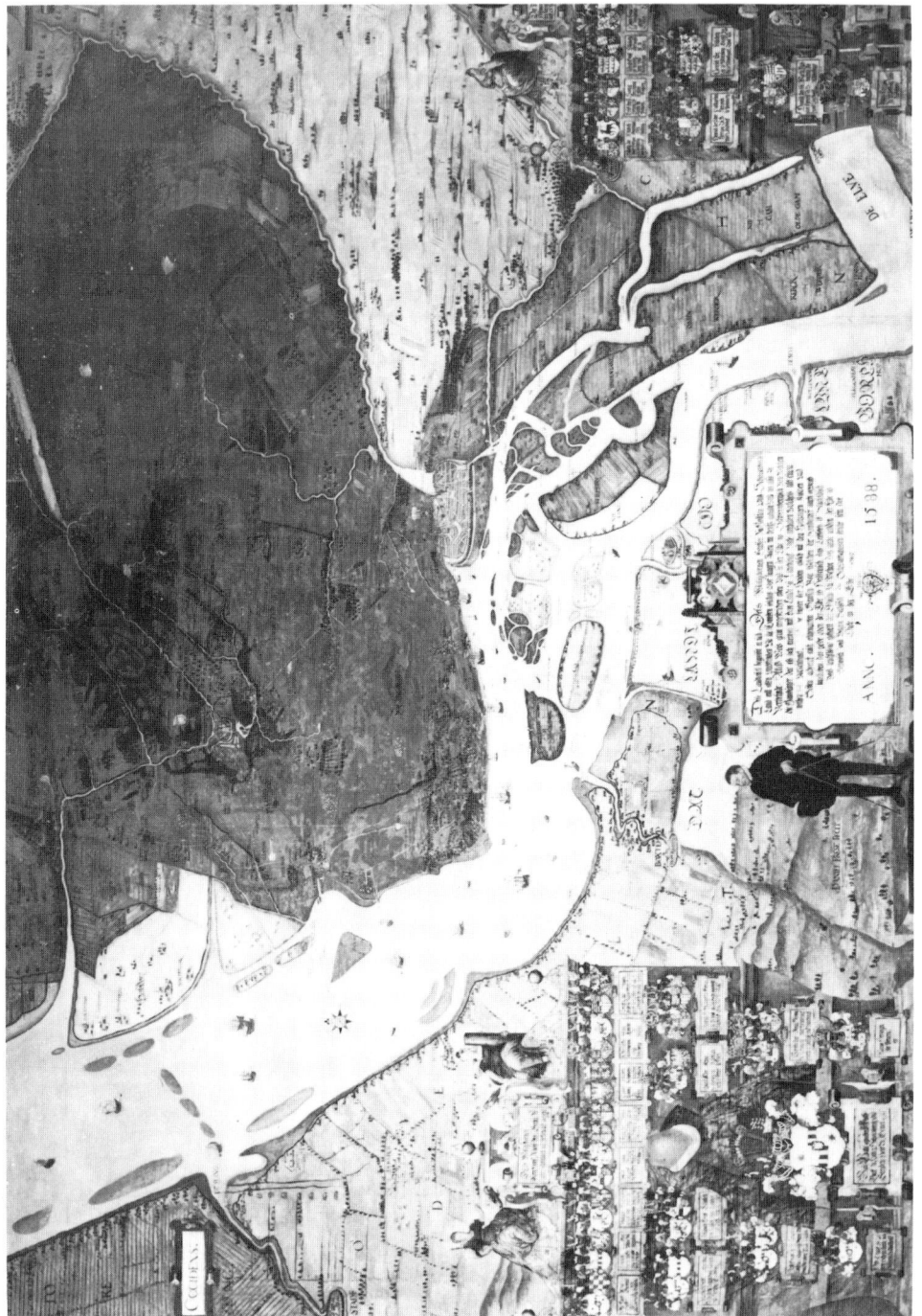

16

Abb. 16 Die linke untere Kartenecke der „Pinneberger Landtafel" ist ausgeschmückt mit der Ahnentafel und einer Darstellung des Auftraggebers, des Grafen Adolf XIV. von Holstein-Schauenburg, dessen Gesicht nicht ausgemalt wurde. Links neben der erklärenden Mittelkartusche hat der Maler Daniel Frese sich selbst abgebildet. – Siehe Abb. 15.

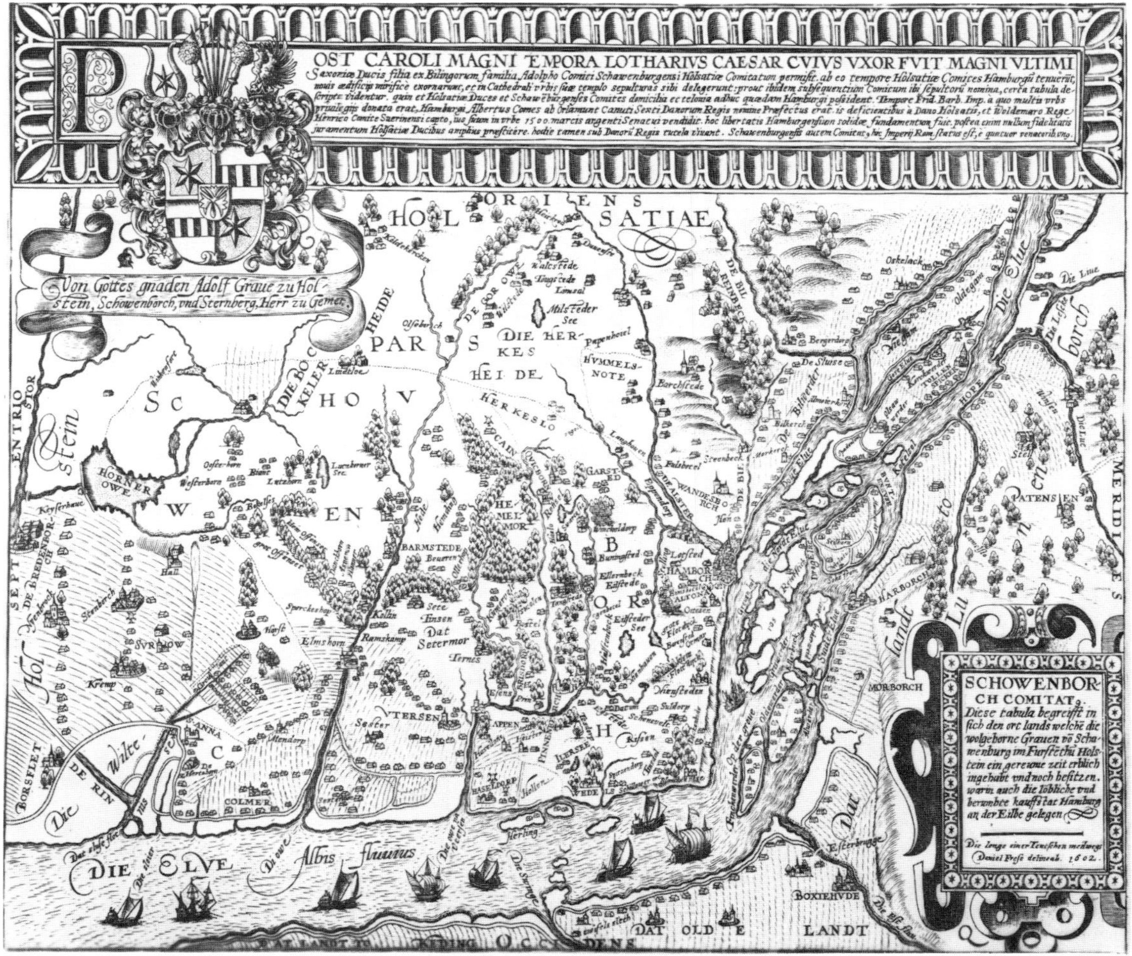

Abb. 17 Karte der Grafschaft „Schowenborch" (Holstein-Pinneberg), die Daniel Frese 1602 formal- und inhaltlich in enger Anlehnung an seine „Pinneberger Landtafel" (vgl. Abb. 15, 16) zeichnete. – Ostgerichtet; Kupferstich; 33,5 × 41 cm; Staatsarchiv, Hamburg.

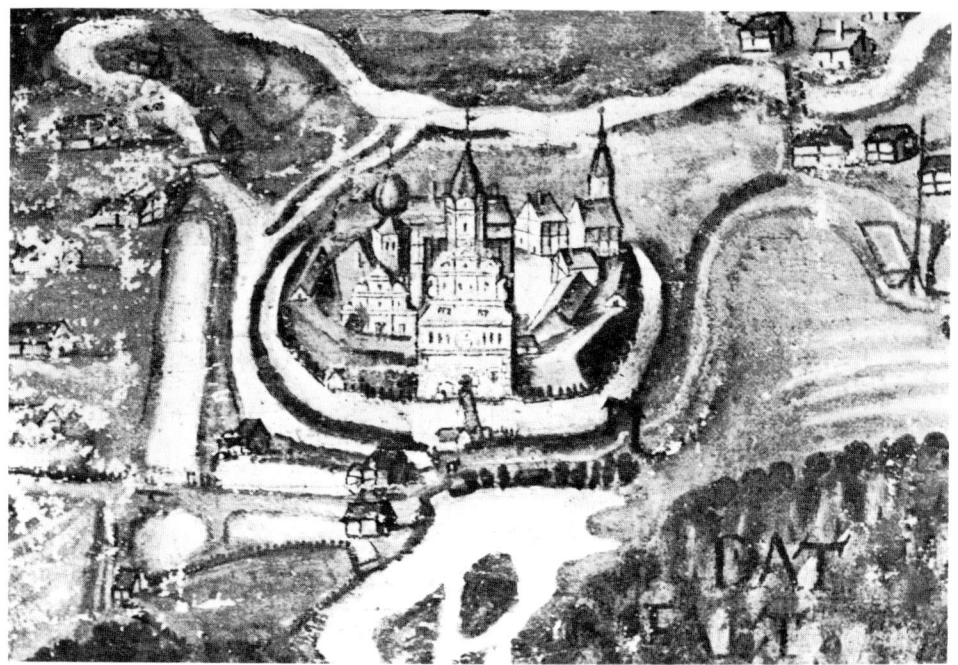

Abb. 18   Die Ansicht des Pinneberger Schlosses bietet ein Beispiel von Detail-genauigkeit in der „Pinneberger Landtafel". – Siehe Abb. 15.

ausführliche Legende in der Mittelkartusche und durch reiche Beschrif-tung der einzelnen Signaturen. Hervorzuheben ist, daß es sich um eine historisch-topographische Karte im wahrsten Sinne des Wortes handelt. Sie zeigt einen Besitzstand der Schauenburger Grafen, wie sie ihn „vor langen Jahren", also vor dem Jahre 1588, besessen hatten. Dabei sind die mittlerweile abgetretenen Gebiete durch Buchstaben oder Chiffren mit Auflösung kenntlich gemacht worden.

Die Karte weist eine auffällige, bewußte Abweichung von der Wirk-lichkeit auf, indem der Elbverlauf auf der Höhe von Blankenese scharf nach Nordwest abgeknickt wird und der dadurch entstehende Winkel eine geschlossene Zeichnung des rechtselbischen Schauenburger Gebiets ermöglicht. Die Darstellung selbst ist uneinheitlich; sie reicht von erstaunlich guter Dokumentation wie etwa beim Pinneberger Schloß bis hin zu flüchtigen Einzeichnungen, die in *Freses* anderen Arbeiten nicht üblich sind. Dieser Eindruck, der insbesondere durch das nicht ausgemalte Gesicht Graf *Adolfs XIV.* verstärkt wird, erklärt sich wohl daraus, daß *Frese* mit der Fertigstellung in Verzug geraten war und – wie überliefert – eine Kürzung des zugesagten Honorars von 400 Talern befürchten mußte.

Bei der Entgegennahme dieses Werkes bestimmte *Adolf XIV.*, daß die Karte, die sich heute im Bückeburger Schloß befindet, auf dem Pinneberger Amtssitz verwahrlich aufgehängt und im übrigen von niemandem „abgerissen", d. h. abgezeichnet, werden solle. Dennoch hat sie dem Maler *Daniel Frese* selbst als Vorbild für einen im Jahre 1602 – ein Jahr nach dem Tode Graf *Adolfs* – publizierten Kupferstich der Grafschaft Holstein-Pinneberg gedient.

17

Die größere Flächigkeit und die Verständlichkeit aus sich heraus geben der „Pinneberger Landtafel" eine gewisse Mittelstellung zwischen den bisher betrachteten handgezeichneten, aktengebundenen Karten und den für eine breitere Öffentlichkeit bestimmten Kartendrucken, denen wir uns jetzt zuwenden wollen.

Die ältesten Kartendrucke von Schleswig-Holstein

Im Jahre 1559 erschienen die beiden ersten, speziellen Kartendrucke über die Herzogtümer Schleswig und Holstein von *Marcus Jordanus* und über Dithmarschen von *Peter Böckel*. Wir wollen erst das weniger bekannte Werk *Böckels* betrachten, der in Antwerpen geboren, in Hamburg aufgewachsen, als Geometer, Kartograph und Maler mehr als 35 Jahre im Dienst der Herzöge von Mecklenburg nachzuweisen ist und im Jahre 1599 als Privatmann in Wismar starb. Der in Antwerpen bei *Hans Liefrinck* hergestellte, großformatige Holzschnitt, betitelt „Bescribung vom landt zu Ditmars . . . anno 1559" ist wohl die einzige erhaltene kartographische Arbeit *Böckels*. Sie wird heute im letzten überkommenen Exemplar in der österreichischen Nationalbibliothek in Wien aufbewahrt. Den aktuellen Anlaß ihrer Entstehung bildete die Eroberung Dithmarschens, deren Kriegsgeschehen in den einzelnen Stadien mit verschiedenen Kampf- und Fluchtszenen, brennenden Orten und Kirchen sowie vor der Küste ankernden und kreuzenden Kriegsschiffen und mit knappen textlichen Erläuterungen berücksichtigt wird.

19, 20

Die Karte beruht sicherlich auf Landvermessungen, die *Böckel* als Geometer nicht fremd waren; jedoch hat die perspektivische Blickrichtung von Osten nach Westen zu einer Verkürzung eben dieser Achse und damit zu Verzerrungen geführt. Hinzu kommen Verwerfungen von Linien durch die Zusammenfügung des Holzschnitts aus sechs Einzelblättern. Der Reiz dieser Karte liegt in ihrer anschaulichen Darstellung mit zahlreichen zeichnerischen Elementen. So erscheinen die Kirchen zumeist wohl in ihrer wirklichen Gestalt mit Blick auf den ostgerichteten Chor. Wälder, Moore, Seen und Wasserläufe – als solche vielfach

---

Abb. 19 Selbst in sehr starker Verkleinerung läßt die Böckel-Karte von 1559 ►
die naturräumliche Gliederung Dithmarschens noch gut erkennen. – Westgerichtet; Holzschnitt; 74 × 108 cm; Österreichische Nationalbibliothek, Wien; hier nach fotografischen Unterlagen im Dithmarscher Landesmuseum, Meldorf.

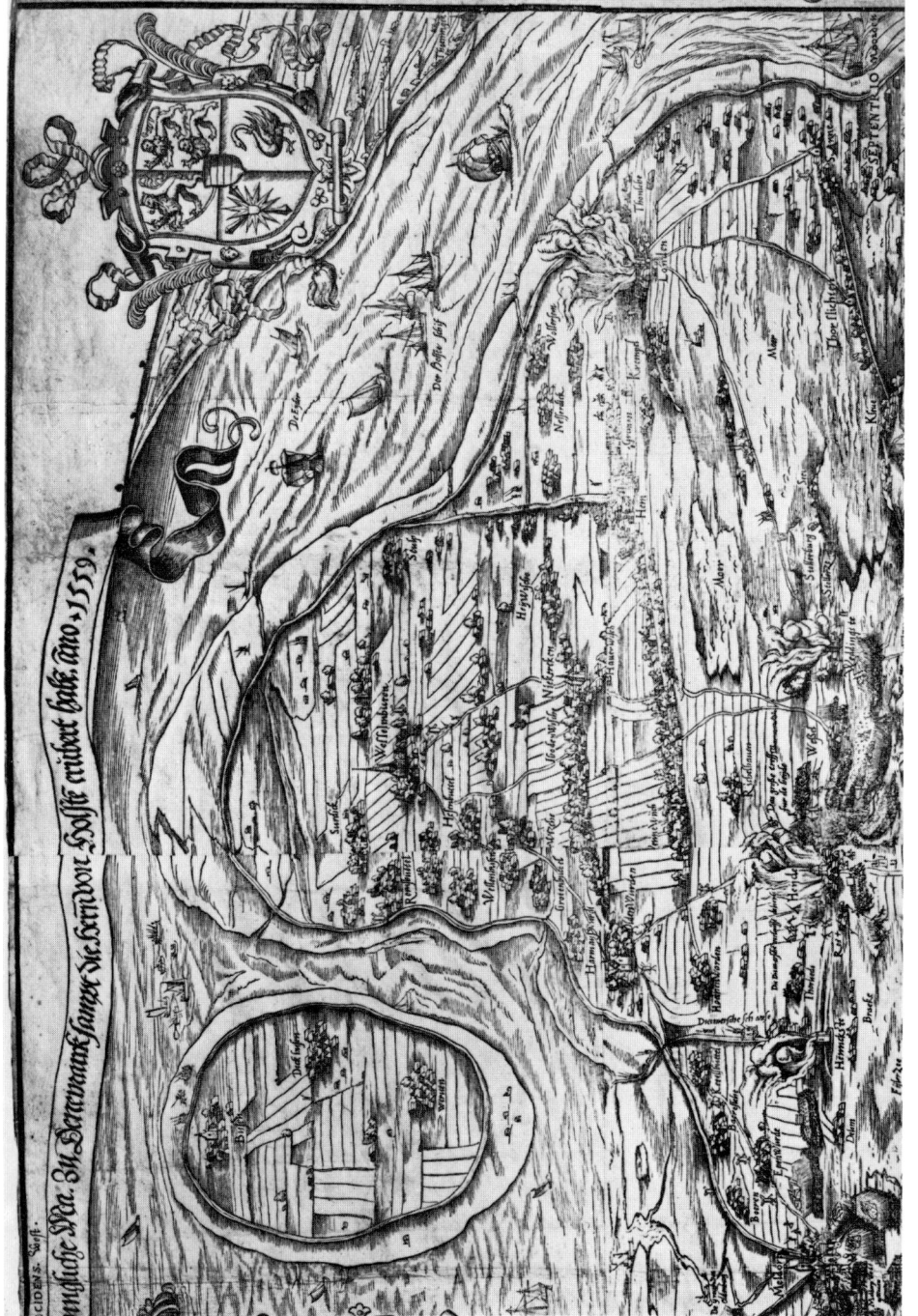

benannt – sind ebenso deutlich zu erkennen wie die natürliche Gliederung Dithmarschens in die hügelige, waldbestandene Geest, die flache, fruchtbare Marsch und das Wattenvorland. Auch die menschlichen Eingriffe in die Kulturlandschaft sind mit Deichen, Wegen, Ackerfluren, Siedlungen und alten und neuen Schanzanlagen ansprechend festgehalten.

Die „Bescribung . . .", geschmückt mit einem hübschen Titelband und den Wappen der siegreichen Fürsten und ergänzt durch drei Texttafeln in deutscher, lateinischer und niederländischer Sprache zur Herkunft, Geschichte und Unterwerfung der Dithmarscher, stellt für die damalige Zeit eine anzuerkennende landmesserische und zeichnerische Leistung dar. Sie wurde von den sachverständigen Zeitgenossen sehr geschätzt, von *Heinrich Rantzau* empfohlen und von führenden Kartographen des 16. Jahrhunderts, stets leicht abgewandelt, nachgebildet und in ihre berühmten Kartenwerke übernommen. Im Jahre 1570 findet sie sich in stärkerem Abstraktionsgrad und nordgerichtet im „Theatrum Orbis Terrarum" des *Abraham Ortelius*, 1577 ostgerichtet im „Epitome Theatri Orbis Terrarum" des *Philipp Galle*, 1578 ebenfalls ostgerichtet im „Speculum Orbis Terrarum" des *Gerard de Jode* – alles Kartenwerke, die in enger Verbindung zu dem herausragenden Plantijn-Verlag in Antwerpen standen – und schließlich ab 1594 auch noch in verschiedenen Auflagen der in Köln herausgegebenen Werke des *Matthias Quad*. Der Dithmarscher Chronist *Anton Vieth* hielt es noch im 18. Jahrhundert für notwendig, die Böckel-Karte von dem Schiffbecker Kupferstecher *C. Fritzsch* möglichst genau nachstechen zu lassen und seiner Beschreibung und Geschichte des Landes Dithmarschen beizufügen. Letztlich mag sie auf die Versuche des Husumer Kartographen *Johannes Mejers* 1651 und des Kieler Professors *F. C. Dahlmann* 1826, die Dithmarscher Verhältnisse in der ersten Hälfte des 16. Jahrhunderts zu rekonstruieren, nicht ohne Einfluß gewesen sein. Ein übersichtli-

21
22
23

Abb. 20 Ausschnitt des nordwestlichen Gebiets aus der Dithmarschen-Karte Böckels mit den brennenden Kirchen von Heide, Weddingstedt und Lunden, die ebenso wie die Kriegsschiffe in der Eidermündung das Kampfgeschehen der Eroberung Dithmarschens widerspiegeln, und mit der Insel Büsum, die erst im Jahre 1585 landfest gemacht wurde. – Siehe Abb. 19.

Abb. 21, 22, 23 Die erste, vereinfachte Nachbildung der „Beschribung . . ." Peter Böckels (s. Abb. 19) findet sich im „Theatrum Orbis Terrarum" des Abraham Ortelius, Antwerpen 1570 (Abb. 21). – Kolorierter Kupferstich; 30,2 × 19,4 cm; Schleswig-Holsteinisches Landesarchiv, Schleswig. – Auf diesen Kupferstich stützt sich die Dithmarschen-Karte, die Philipp Galle 1577 in seinem „Spieghel der Werelt" publizierte (Abb. 22). – Ostgerichtet, Kupferstich; 8 × 11 cm; Königliche Bibliothek, Kopenhagen. – Sie stellt somit die erste sekundäre Überlieferung dar, während die Dithmarschen-Karte des Gerard de Jode in seinem „Speculum Orbis Terrarum" 1578 (Abb. 23) wohl noch Böckels „Bescribung . . ." selbst als Vorlage gedient hatte. – Ostgerichtet; Kupferstich; 15,4 × 22,8 cm; Königliche Bibliothek, Kopenhagen.

SEPTENTRIO.

HOLSATIAE
PARS.

Thoeningen

Miliare Thietm:

De Eyder Fluuius

Im beim
S.Anne
Thonlebe
Londen
Tor flichten
Kieuits moer
Wollersem
Krempel
Kleue
Feddering
Nesterdick
Grunen
Holster
Hein
Stel
Tulinden
Meiste
Steller
berg
Steller zee
Heiwische
Hauerwische
Weddingste
Nickerken
Weßelinburen
Ihodenwische
Weßel
Wennewich
Paludes
Hesenbuttel
Richelhauen
Holm
Surdick
Niewische
Heyde
Remsbuttel
Grotenbuttel
Loe
Roft
Nordbor
Wellingse
Harmans
wurdt Hoeten
wer
Oldens
wurden
Thorheidt
Braeke
Ketels
buttel
Baert
flecht
Fil
Epenwurde
Boeren
Nimdorp
Ber
geste
Meldorp
Wolmers
Amersiwurdt
Veru
winckel
Elpersbuttel
Buttel
Wundtler zee
Gudendorp
Busort
Westdorp
Baerlt
Hupen
Treunewordt
Kannemoer
Krumme weg ft
Helfe
Darne
werdt
Merne
Thorwische
Rosthusen
Dickhusen
Vettenbuttel
Niewhusen
Katrepel
Ouwenbuttel
Northusen
Brunsbuttel

Hoys
Berch sword
Wallem
Thom delue
Paludes
Hollinckste
Swijnhusen
Palen
Scalckholt
Henste
Tellinckste
Schelrau
Arbor mirc
magnitudinis
Paludes
Reerstal
Sudersbuttel
Delste
Ofter
borstel
Ganshorn
Loukeys
Hanra
huw
Shrnen
Hade
marsh
Oosterwaldt
Grte
beck
Auersdorp
Eyler zee
Delm
Zeertsbuttel
Delbrug
Tēnsbuttel
Marien
burg
Trumste
Strijt
hoey
Sur harste
Scapste
Paludes
Lutkeharste
Freeste
Rab
Hindorp
Breckel
Eggeste
Buecnolt
Bordorper
zee
Kuden
Edellaken
Ofter
moer
Kuden
zee

Buekelenborch

OCCIDENS.

OCEANI GER
MANICI PARS

ORIENS.

Dickhusen
Werun
Busen

THIETMAR
SIAE, HOL
SATICAE RE
GIONIS PAR
TIS TYPVS.
Auctore
Petro Boeckel.

Ritzebuttel
HALEN.

Niewerck

Albis De Elbe fluuius

21
KIEDINGE
MERIDIES.

Map 22

THIETMARSORVM SIMBRICÆ SCHERSO NESI POPVLORVM sedis delineatio autore Petro Boekel

Hanrabia · Hademarsh · Die landtscheidinge · Strythoep · Seupfte · Buckeln borch · Eggeste · Milaria Thietm

Osterburste · Delste · Deloukewal · Aluersdorp · Wels holt · Oster-moer

Schelraw · Sudersbuttel · Aluersdorp · Bortholt · Brockel · Paludes

Paludes · Tellinste · Willem · Palen · Shirum · Arkeboeck · Tussbuttel · Krumste · Lutkeharste · Burtholt · Kuden · Osterwalt · Kuden

Thom delue · Scalkholt · Oster horstel · Ganthorn · Osterwaldt · Delbrug · Surharste · Freoste · Bordorper zee · Edellaken · Brunsbuttel

Berchwort · Swynhusen · Holster · Reerstal · Zeerisbuttel · Marun · Paludes · Ouwenbuttel · Nieuhusen · Northusen

Horst · Kiwits moer · Arber mira mag nitudinis · Holm · Nordinste · Fyl · Hipen · Westdorf · Gudenborg · Kannemoer · Thorusche · Ratropel · Vettenbuttel · Dickhusen

Imbeim · Tor stichten · S. Anne · Kiew · Heiste Tedding · Weddinge · Fryde · Roff · Hemmistr · Thorheit · Meldorp · Amersurude · Buttel · Nisste · Kennemer · Dusort · Brennewrade · Barnewrade · Hilse

Thonlebe · Krempel · London · Grumen Heru · Loe · Ravelhaus · Nesserdick · Heywade · Stelberg · Groteubüttel · Welbsen · Binnenwh · Nieuwske · Olden wrken · Harmenewrat · Oldenwrke · Reusiebuttel · Sur Dick

De Ewder fl. · Thoenningen · Wollersem · Stulp · Weruen · Dickhusen · Busen

OCEANI GERMANICE PARS.

HOLSATIÆ PARS.

KIEDINGE · Reusebuttel · HALEM

Albis fl.

SEPTENTRIO · MERIDIES

Map 23

Miliare Thietm

Thietmarsiæ Hollaticaereg

Hanrabia iha · Hademarhs · Terminus Regionis · De laat Scheidunge · Strythoep

Paludes · Aluersdorp for kolk · Risenwalde · Bruscholt · Borcholt · Kuden Zee · Paludes

Tellinckste delue · Aluersdorp · Iutkharste · Ruden · Bordorper Zee · Oester moer · Edellaken

Thom delue · Henste · Roersial · Osterwaldt · Surkharste · Windburch · Gutdorp · paludes · Rosthusen

S. Anne · Keie · Arberinus · Nordhorste · paludes · Windburch · Ranne moer · Briusbuttel

Torschichten Slor · Weldreyste · Stell · Fryde · Balmewrat · Meldorp ge · Baerle · Northusen · Dickhusen

Thonlebe · Hein · London · Nesserdick · Wollersem · Wesseln brusen · Hauerwisste · Olden · Henneckste · Elsperbuttel · Nisske · Brennewrde · Nterne · Kramme Wysft

Hesembuttel · Stulp · Surdick · Niekerken · Wernes · Duchusen · Busen

Albis De Elbesiu

De Evder fluuius · Thoeninge

Hollatide Pars

Occidens

Kiedinge · Reusebuttel · **Halen**

Septentrio · Meridies

ches Schema über Abhängigkeiten und Nachwirkungen der Böckel-karte hat *Reimer Hansen* erarbeitet:

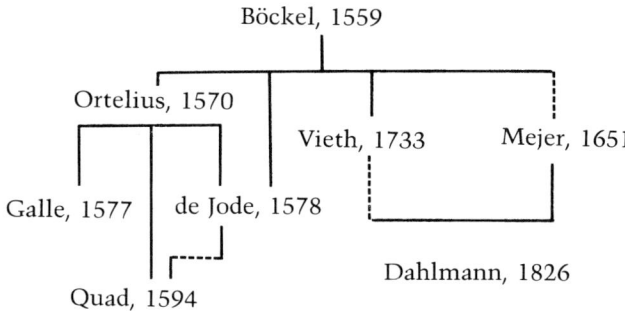

Dieses Schema mag gleichsam stellvertretend auch für andere Karten gelten, die im ausgehenden 16. Jahrhundert in und über unseren Raum entstanden, von niederländischen Kartographen aufgegriffen und verbreitet, insbesondere in die Forschung des letzten Jahrhunderts eingingen und bis heute unentbehrliche Hilfsmittel geographisch-topographischer und historischer Untersuchungen geblieben sind.

Zu den besonderen Beispielen dieser Art gehört die als Holzschnitt im Jahre 1559 bei *Joachim Louwen (Löw)* in Hamburg gedruckte, von einem ewigwährenden Kalendarium umrahmte Schleswig-Holstein-Karte des *Marcus Jordanus*, die, erst im Jahre 1904 wiederentdeckt, in einem Exemplar in der Universitätsbibliothek zu Leiden überliefert ist. *Jordanus*, in Krempe in Holstein geboren, im Jahre 1550 zum Professor der Mathematik an der Kopenhagener Universität ernannt, hatte sich mit der Geographie des *Ptolemaeus* befaßt und bereits 1552 eine Karte von Dänemark veröffentlicht, die allerdings ebenso wenig erhalten ist wie eine weitere, die er auf Befehl König Christians III. unter Durchführung aufwendiger Vermessungsarbeiten fertiggestellt und möglicherweise mit einer kurzen Landesbeschreibung erläutert haben soll. Wie lange er als Kartograph arbeitete, ist unbekannt. Seit dem Jahre 1566 lebte er wieder in seiner Heimatstadt Krempe, wo er kurz darauf als Ratmann, später als Bürgermeister wirkte und 1595 starb. Seine „Affschrifft vnd vortekinge der beider Vörstendhöme Sleswick, Holsten, Stormarn vnd Dithmerschen MDLIX", dessen erläuterndes Büchlein, „Boecklin", nicht erhalten ist, kennzeichnet die einzelnen Territorien von eben nördlich Tondern bis eben südlich der Elbe durch Wappen und zeigt auch noch eine Grenzlinie des im selben Jahr unterworfenen Dithmarschen gegenüber Holstein. Im Vergleich mit der bisherigen, von den Ptolemaeus-Karten her bestimmten Tradition bietet sie einen wesentlich verbesserten Gesamtumriß der Herzogtümer, auch wenn die Lage von Alsen und Nordstrand, die Situation des Sundewitt und der Oldenburger Halbinsel mit Fehmarn besonders stark verzeichnet sind und die Geestinseln Sylt, Amrum und Föhr im Westen fehlen.

24

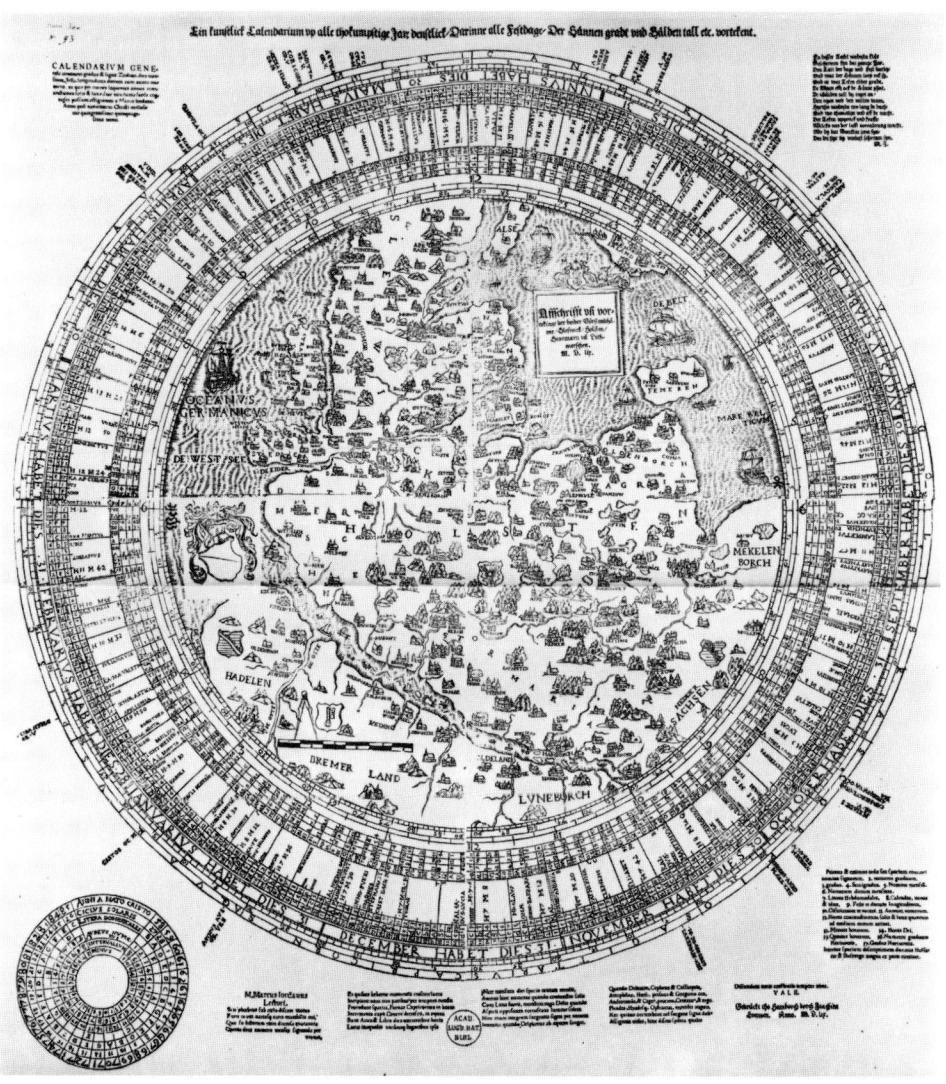

Abb. 24   Von einem „ewigen Kalender" umrandet ist die als Einzelblatt auf vier Platten in Hamburg bei Joachim Louwen (Löw) 1559 gedruckte Schleswig-Holstein-Karte des Marcus Jordanus. – Holzschnitt; 73 × 62 cm; Universitäts-bibliothek Leiden; hier nach fotografischen Unterlagen des Landesamts für Denkmalpflege, Kiel.

47

Einen Fortschritt stellt die größere Zahl topographischer Einzelheiten dar. Erstmals ist in einer Karte das Gewässernetz mit den Hauptflüssen und den größeren Seen des Landes bedacht; neben den Städten und Hauptorten findet sich eine Vielzahl von adligen Gütern erwähnt.

Darstellungsmäßig gibt sich diese Karte moderner als die gleichzeitige Arbeit *Böckels*. Die Perspektive tritt zugunsten der Aufsicht zurück. An Stelle zeichnerischer Elemente herrschen Signaturen für Orte, Gebäude, Wälder und Hügel vor. Die Karte besitzt einen höheren Abstraktionsgrad als die Böckel-Karte; dementsprechend erfuhr sie weniger eingreifende Änderungen, als sie in den Zentren europäischer Kartenkunst nachgebildet und in die Werke von *Gerard de Jode* (1578) und *Abraham Ortelius* (1579) aufgenommen wurde.

Zwei von *Jordanus* besorgte Neuauflagen seiner Holstein-Karte sind nicht überliefert, wohl aber seine auf Ansuchen des königlichen Statthalters *Heinrich Rantzau* im Jahre 1585 gefertigte Karte des dänischen Königreichs, die – übrigens als einzige Landkarte überhaupt – in das damals weltberühmte „Theatrum urbium", das Städtebuch des Kölner Geistlichen *Georg Braun* und des aus Mecheln gebürtigen Stechers *Franz Hogenberg*, aufgenommen wurde und weite Verbreitung fand. Sie verrät deutlich, daß *Jordanus* seine früheren Vermessungsarbeiten nicht hat beenden können. Während die Darstellung Schleswig-Holsteins, der jütischen Ostküste, des Limfjordgebietes und der Insel Fünen zweifellos einen Fortschritt gegenüber früheren Karten bedeutet und in diesen Teilen auch zahlreiche neue Ortsnamen erscheinen, ist das Bild der Insel Seeland und der schwedischen Provinzen Schonen, Blekinge und besonders Halland mangelhaft, das Kattegatt in seiner Form verkehrt und der Südwesten Nordjütlands ihm so gut wie unbekannt. Eine gewisse Besserung tritt bei seiner 1595 im „Theatrum orbis terrarum" des *Ortelius* publizierten Karte von Jütland und Fünen ein. Die Nachwirkung von *Jordanus'* Dänemarkkarten war außerordentlich groß, da sie, wenn auch leicht abgewandelt und ohne ausdrückliche Nennung seines Namens, seit dem Jahre 1595 bis weit in das 17. Jahrhundert veröffentlicht wurden in dem von *Gerard Mercator* vorbereiteten und posthum von seinem Sohn *Rumold Mercator* herausgegebenen „Atlas sive meditationes de fabrica mundi et fabricati figura", mit dem die Bezeichnung Atlas für eine Kartensammlung in Buchform gebräuchlich wurde.

Abb. 25, 26 Nachbildungen der Schleswig-Holstein-Karte von Marcus Jordanus im „Speculum Orbis Terrarum" des Gerard de Jode, 1578 (Abb. 25) – Kupferstich; 32,4 × 24,9 cm; Königliche Bibliothek, Kopenhagen – und im „Theatrum Orbis Terrarum" des Abraham Ortelius, 1579 (Abb. 26) – Kupferstich; 33,4 × 24,3 cm; Königliche Bibliothek, Kopenhagen.

Abb. 27 Siehe vorderen Innendeckel.

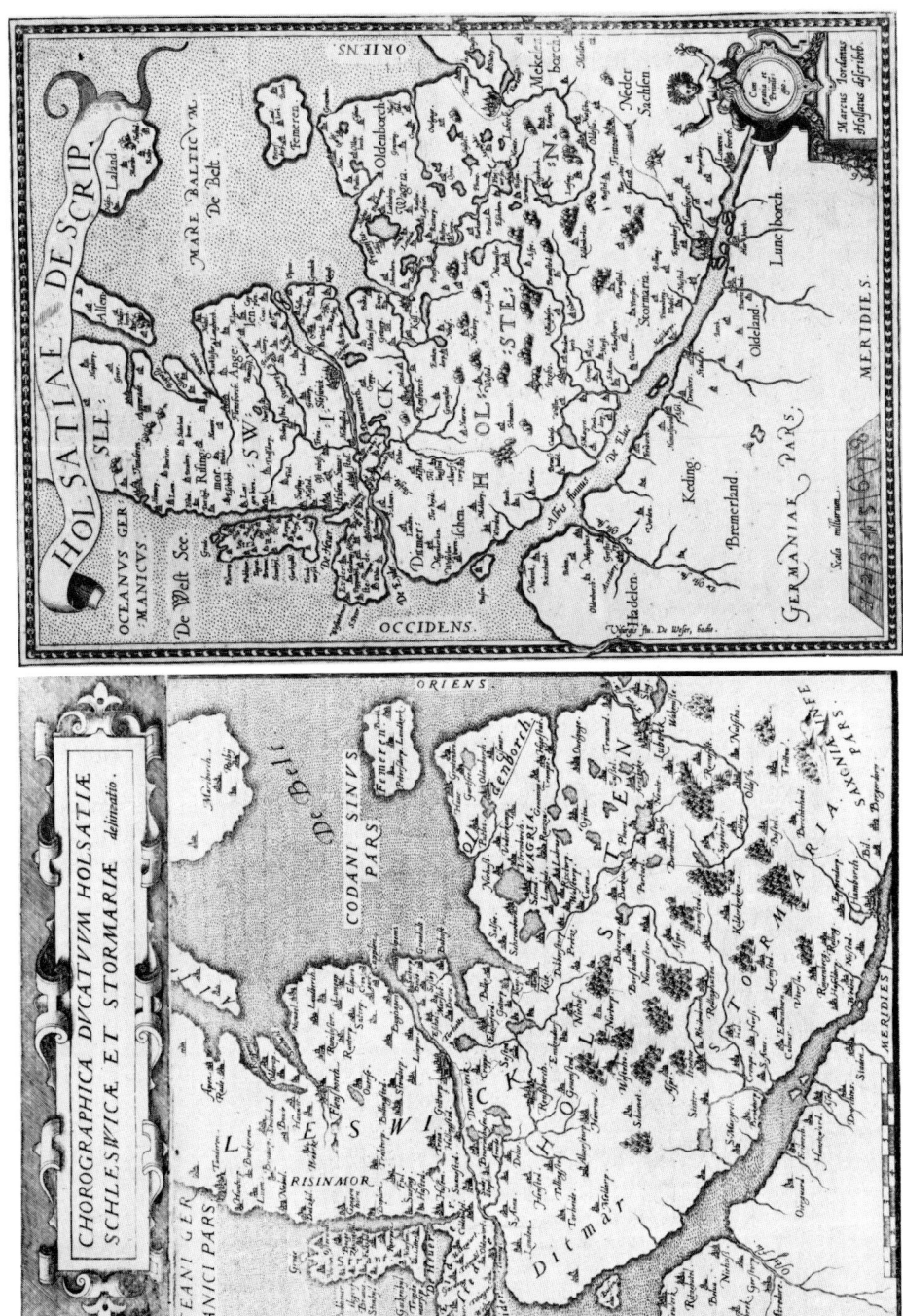

Abb. 28 Das Bildnis Heinrich Rantzaus, das, offensichtlich einem 1574 von Jakob Mores gefertigten Stich nachgebildet, Peter Lindeberg seiner „Hypotyposis arcium . . .", 2. Aufl., Hamburg 1591, beifügte, mag als Beispiel für die vielfältigen Porträts dienen, die in den von Heinrich Rantzau geförderten Publikationen in unterschiedlichster Qualität und Größe zu finden sind. – Holzschnitt; 15,4 × 11 cm; Schleswig-Holsteinisches Landesarchiv, Schleswig.

Heinrich Rantzau als Förderer der Kartographie und Topographie

Die Aufnahme dieser Städtebilder und Karten in die bedeutendsten Kartenwerke ihrer Zeit lag nicht allein in ihrer Qualität begründet. Sie ist vor allem dem Bemühen und Einfluß *Heinrich Rantzaus*   28 (1526–1598) zu danken, der sich europäischen Ruhm als Staatsmann, Politiker, Finanz- und Handelsunternehmer, Bauherr, Dichter und gelehrter Humanist erwarb und auf dessen Mehrung stets bedacht war. Aus alteingesessenem Adel, angesehen als königlicher Statthalter in den Herzogtümern und als Amtmann von Segeberg, Eigentümer zahlreicher Güter, Herrenhäuser und Stadtpalais', reich an Geist und Gaben verkörperte er das Bild eines Renaissancemenschen, der weitgespannte Ziele verfolgte. Seine Unternehmungen politischer, diplomatischer, wirtschaftlicher und kultureller Art auch nur zu umreißen, hieße, den Rahmen dieser kleinen Abhandlung sprengen. Hier dürfen nur seine Verdienste um Kartographie und Topographie interessieren, die am stärksten in der umfassenden Förderung des Braun-Hogenbergschen Städtebuchs und des Mercator-Atlanten hervortreten.

Aus einem – wenn auch lückenhaften, so doch außerordentlich aufschlußreichen – Briefwechsel zwischen *Heinrich Rantzau* und dem Kölner Kanoniker *Georg Braun*, der für den Zeitraum von 1583 bis 1597 überliefert ist, wissen wir um ihr freundschaftliches Verhältnis und den regen Austausch an Gedanken und Werken. *Rantzau* vermittelte *Brauns* Korrespondenzen im nordeuropäischen Raum an den dänischen Kanzler Nicolaus Kaas, an den Astronomen Tycho Brahe auf seiner Insel Hven im Öresund, an den Gelehrten Martin Marsteller in Pommern oder an den Mathematiker Marcus Jordanus aus Krempe – um nur einige Beispiele zu nennen – und gewann sie alle für eine Mitarbeit an *Brauns* Städtebuch, das er auch seinen Königen Friedrich II. († 1588)   29, 30, 31 und Christian IV., dem schließlich der vierte Band des „Theatrum urbium" gewidmet wurde, empfahl.

Abb. 29 Die von Johannes Greve 1585 gestochene Ansicht von Segeberg ▸ genügte in ihrer groben Qualität nicht den Ansprüchen der Herausgeber des Städtebuches, G. Braun und F. Hogenberg. Sie ist allein in einem Exemplar des Städtebuches überliefert, das sich im Besitz von Heinrich Rantzau befand, in allen anderen Ausgaben aber durch eine in Köln überarbeitete Fassung ersetzt (vgl. Abb. 30). – Kupferstich; 33 × 46,5 cm; Stadtbibliothek Augsburg; hier nach fotografischen Unterlagen des Landesamts für Denkmalpflege, Kiel.

Abb. 30 Ansicht von Segeberg, wie sie nach den Anforderungen der Heraus- ▸ geber in dem 1588 publizierten vierten Band des Braun-Hogenbergschen Städtebuchs erschien. – Kupferstich; 32,5 × 47 cm; Schleswig-Holsteinische Landesbibliothek, Kiel.

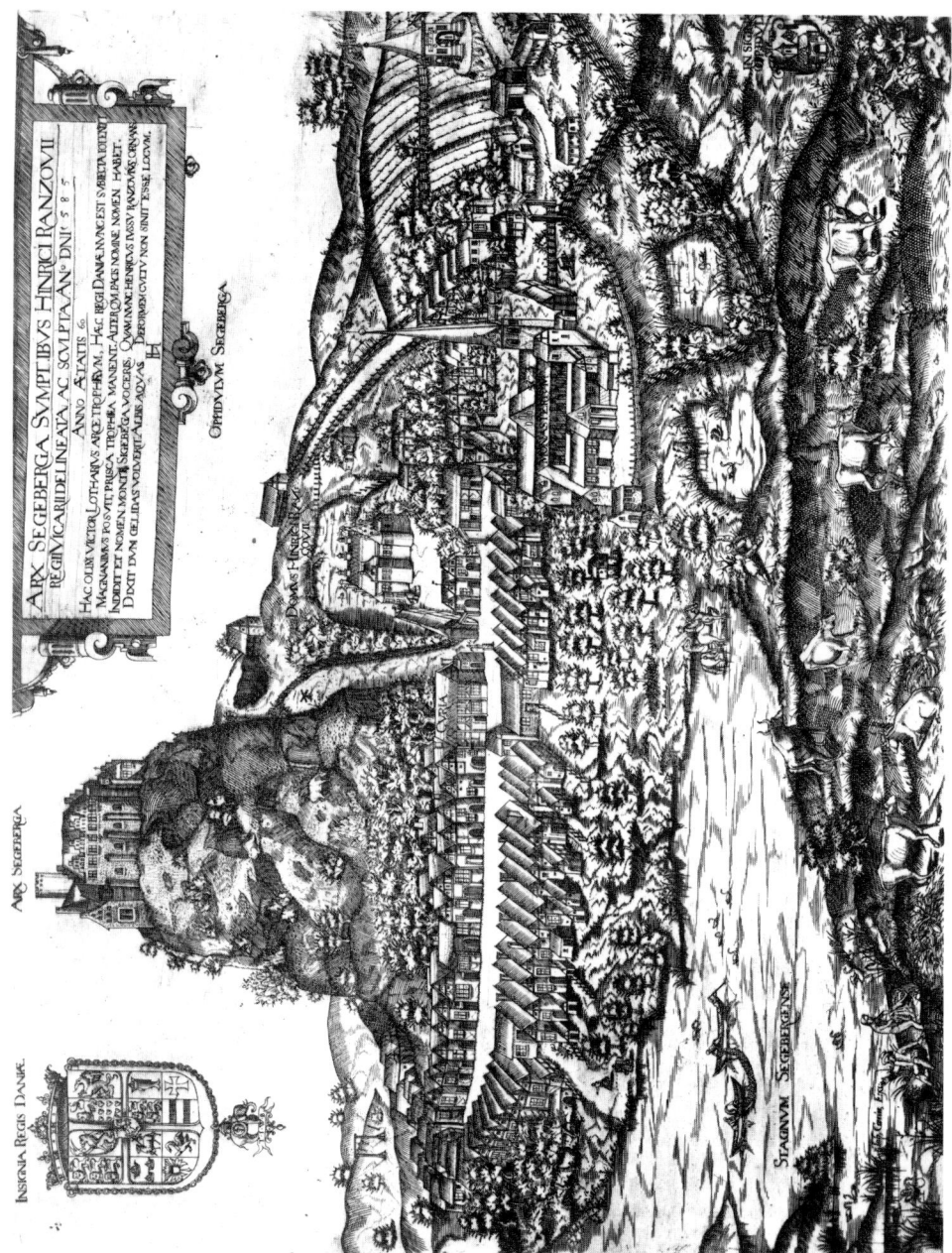

ARX SEGEBERGA SVMPTIBVS HINRICI RANZOVII
REGII VICARII DELINEATA AC SCVLPTA AN° DNI 1585
ANNO ÆTATIS 60

HÆC OLIM VICTOR LOTHARIVS ARCE TROPHÆVM, HÆC REGI DANIÆ NVNC EST SABETA PERENNI
MAGNANIMVS POSVIT, PRISCA TROPHÆA MANENT. AVTHOR PACIS NOMINE NOMEN HABET.
INDIDIT ET NOMEN MONTI, SEGEBERGA VOCERS, QVAM NVNC HENRICVS PASSV RANZAVIVS ORNAT:
DIXIT DVM GELIDAS VOLVERET ALTE AQVAS. DEFENDI QVOTV NON SINIT ESSE LOCVM.

H

INSIGNIA REGIS DANIÆ.

ARX SEGEBERGA.

OPPIDVLVM SEGEBERGA.

DOMVS HINRICI RANZOVII.

STAGNVM SEGEBERGENSE.

29

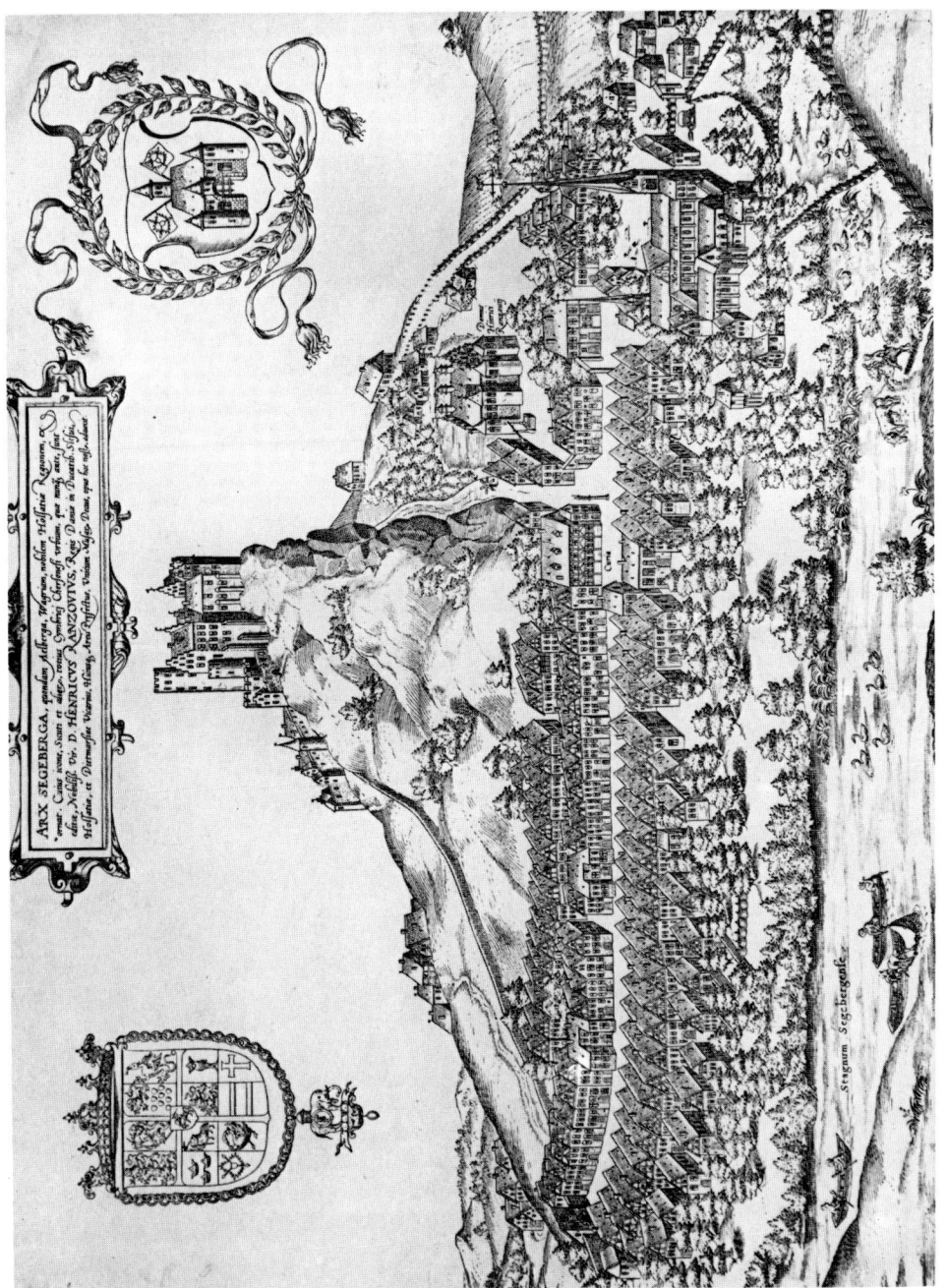

ARX SEGEBERGA, quondam Aesberga, Wagrum, nobilem Holsatiæ Regionem, invisit. Cui nomen Suam et aliæ tum Gimberg Christoff urbanæ, qui mox exit, sui dam. Nobiliß. Vir. D. HENRICVS RANZOVIVS, Regis Daniæ in Ducatu Holsa. Holsatiæ, et Dietmarsiæ Vicarius, Monaster. Arx Perfecta. Vetam Holsa. opus hic pluet.

Steganum Seg-bergense

30

Rantzau persönlich förderte das Werk unablässig, indem er selbst Beschreibungen der Verhältnisse von Dänemark, seiner Breitenburg bei Itzehoe oder dem gotländischen Visby lieferte, auf seine eigenen Kosten Ortsansichten und Drucke fertigen ließ, den uns von den Prozeßkarten und der Pinneberger Landtafel her bereits bekannten *Daniel Frese* für die Stiche von Heide, Meldorf, Bardowick und Hamburg gewann und sich auch sonst nach Kräften um Vorlagen für die von *Franz Hogenberg* redigierten Radierungen des Städtebuchs bemühte. Nicht zu unterschätzen ist auch die Förderung, die *Heinrich Rantzau,* zum Teil etwas verzögert durch den Konkurrenten *Georg Braun,* dem Atlaswerk *Gerard Mercators* zuteil werden ließ. Wegen der Unterstützung, die sein Vater erfahren hatte, widmete *Rumold Mercator* den zweiten Band des Werkes dem Gönner *Heinrich Rantzau* und veröffentlichte seine Beiträge in dessen zweiter Hälfte.

Mögen die Leistungen *Rantzaus* für die Kartographie und Topographie in ihrer Verflechtung mit den Ergänzungen Dritter im einzelnen noch nicht abschließend geklärt sein, so dürfen wir doch zweierlei feststellen:

1. Die unter seiner Mitwirkung entstandenen graphischen Arbeiten sind hierzulande für die Städteansichten ohne jede Vorstufe, und für die Karten beruhen sie lediglich auf einigen wenigen Vorarbeiten. Die Drucke sind also fast durchweg Erstdarstellungen, die dank der Einflußnahme ihrer Herausgeber *Braun, Hogenberg* und *Mercator* in ihrer Gesamtheit auf der Höhe ihrer Zeit stehen.

2. Zusammen mit diesen Veröffentlichungen treffen wir erstmals auf gedruckte topographische Beschreibungen, die in ihrem Lokalkolorit über die Tradition der Weltchronik *Hartmann Schedels* (Nürnberg 1493) und der Kosmographie *Sebastian Münsters* (Basel 1544) hinausgehen und die bedeutend umfangreicher sind als die beschreibenden Legenden, die wir bei den Karten *Peter Böckels* und *Daniel Freses* für Dithmarschen und Holstein-Pinneberg fanden.

Die graphischen und textlichen Darstellungen wandten sich vorwiegend an den gebildeten Leser und bestimmten das Schleswig-Holstein-Bild vorwiegend außerhalb unseres Landes, wie es bis über die Mitte des 17. Jahrhunderts, zum größten Teil formal und inhaltlich an die Braun-Hogenbergschen Vorlagen angelehnt, in Text und Radierungen des Italieners *Francesco Valegio,* in der Länderchronik des *Petrus Bertius* oder in dem Politischen Schatzkästlein von *Daniel Meißner* und *Eberhard Kieser* nachwirkt. Dazu trugen weitere topographische Beschreibungen aus dem *Rantzau-Kreis* bei, die, vielfach in Schleswig-Holstein verfaßt oder mit einer gewissen Ortskenntnis geschrieben, außerhalb der Herzogtümer gedruckt und vertrieben wurden. So erschien im Jahre

Abb. 31   Ansicht von Kiel aus dem 1588 erschienenen vierten Band des Braun-Hogenbergschen Städtebuchs. Auch dieses Blatt ersetzte eine von Joh. Greve (vgl. Abb. 29) gestochene Stadtansicht, die die Herausgeber verworfen hatten. – Kupferstich; 32,5 × 47,5 cm; Schleswig-Holsteinische Landesbibliothek, Kiel.

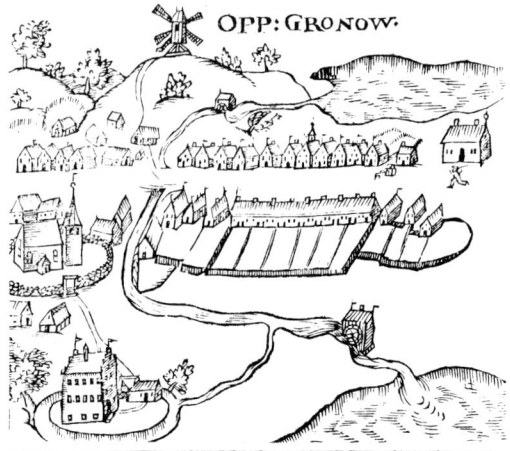

OPP: GRONOW·

32

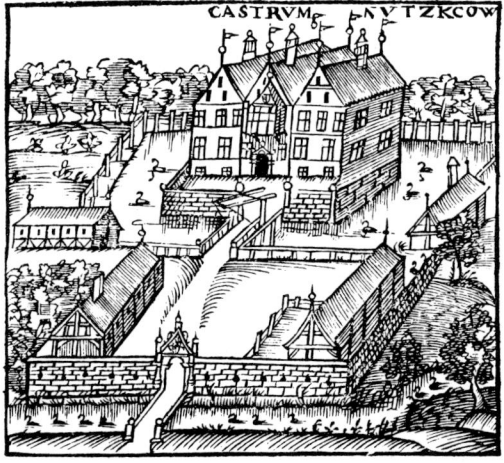

CASTRVM Ꝋ NVTZKCOW

33

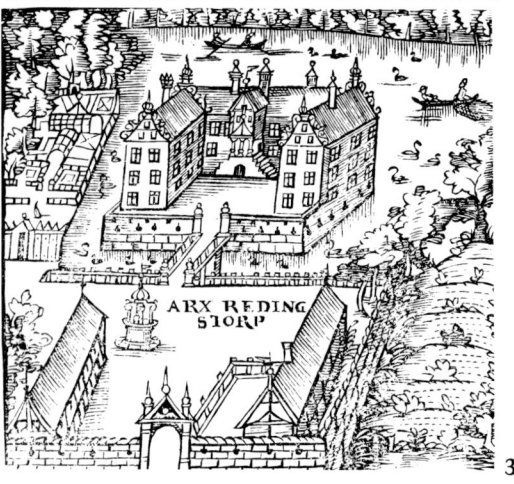

ARX REDING STORP

Abb. 32, 33, 34 Im Herzogtum Lauenburg liegt der Ort Groß-Grönau (Abb. 32), den Heinrich Rantzau im Jahre 1571 erwarb und wirtschaftlich stark förderte. Das Herrenhaus Redingsdorf (Abb. 33), das heute nicht mehr vorhanden ist, errichtete H. Rantzau als moderne, dreiflügelige Renaissanceanlage, während er bei Nütschau (Abb. 34) 1577 zum mittelalterlichen Typ des dreifach zusammengebauten Hauses zurückkehrte. Diese Besitzungen finden sich abgebildet in Peter Lindebergs ,,Hypotyposis arcium . . .", Hamburg 1591. – Holzschnitte; 9,6 × 10,4 cm; Schleswig-Holsteinisches Landesarchiv, Schleswig.

34

1569 eine Beschreibung der Breitenburg, des Hauptsitzes *Heinrich Rantzaus,* die *Georg Crusius* 1570 in Wittenberg und 1573 in Straßburg erneut herausbrachte. Auch in *Peter Lindebergs* „Hypotyposis arcium", einem Loblied auf rantzauische Bauten und Monumente, das 1590 in Rostock und die beiden Jahre darauf in Neuauflagen in Hamburg und Frankfurt erschien, flossen Guts- und Ortsbeschreibungen ein ebenso wie Landschafts-, Stadt- und Gutsdarstellungen in die seit 1585 erscheinenden rantzauischen Stammbäume, von denen des Lüneburger *Hieronymus Henninges* „Genealogiae aliquot familiarum nobilium in Saxonia" besonders zu erwähnen ist. An ähnlich entlegener Stelle, in den „Res gestae . . . Friderici II.", die *Heinrich Rantzau* zum Nachruhm seines Königs im Jahre 1588 von *Franz Hogenberg* und *Simon Novellanus* entsprechend den Abbildungen der von ihm errichteten Segeberger Pyramide in 16 Tafeln stechen ließ, sind Darstellungen von der Unterwerfung Dithmarschens überliefert, die neben Kampfszenen auch topographische Motive der im Jahre 1559 eroberten Orte Heide und Meldorf zeigen.

32, 33 ,34

35

Auf Kosten *Heinrich Rantzaus* gab *Jonas von Elverfeld* im Jahre 1592 sein Buch „De Holsatia eiusque statu atque ordinibus diversis" heraus. In drei Abteilungen untergliedert, bringt der wohl aus Krempe gebürtige und zuletzt als herzoglicher Landschreiber in der Amts Tonderner Karrharde tätige *Elverfeld* Epigramme erstens über die Herkunft der Cimbern und über die Landesteile Holstein, Wagrien, Stormarn, Dithmarschen und das Herzogtum Schleswig, zweitens über die höheren Stände, also Könige und Herzöge, Geistlichkeit und Adel sowie drittens über die niederen Stände wie Bürger und Bauern. Diese Epigramme werden jeweils begleitet durch dazugehörige Wappen und von Fall zu Fall durch historisch-topographische Erläuterungen, die großenteils *Heinrich Rantzau,* wie im Buchtitel hervorgehoben, beigesteuert hatte.

36, 37

Auf *Elverfelds* Buch fußen die Publikationen des *Andreas Angelus* aus Straußberg/Brandenburg. Er bereiste in den Jahren 1588/89 die Herzogtümer Holstein und Schleswig und brachte knapp zehn Jahre später nicht nur eine Adelschronik heraus, die auf zwei Fünftel ihres 240 Seiten betragenden Umfangs die Familie Rantzau, ihre Leistungen und Bauten rühmt, sondern auch eine „Holsteinischer Städte Chronica, darinnen ordentliche warhaftige kurtze Beschreibung, woher die Städte den Namen haben, wo oder an welchem Ort sie gelegen, wenn, vnd von wem sie erbauet oder erweitert, vnd mit Stadt Recht bewidmet worden. Item, was sie für Fewers vnd Kriegsnoth ausgestanden, auch endlich, was sie für Wappen führen". Unter diesen Gesichtspunkten erfaßte er

38

Abb. 35 Den Kampf um Heide, die Eroberung und den Brand des Ortes sowie die Unterwerfung der Dithmarscher unter die Hoheit der Sieger und neuen Landesherren 1559 stellt diese Tafel aus den von F. Hogenberg und S. Novellanus 1589 gestalteten „Res gestae . . . Friderici II." dar. Sie verwendet topographische Momente ohne besonderen Anspruch auf Genauigkeit. – Kupferstich; 22 × 32 cm; Schleswig-Holsteinische Landesbibliothek, Kiel.

35

ECEREFORDÆ & HEILIGEHAVÆ
Descriptiones earumq́; Insignia.

ECKLENFORD · HILLIGEHAVE

FLENSBURGÆ & SLESVIGÆ DE-
scriptiones earumq́; Insignia.

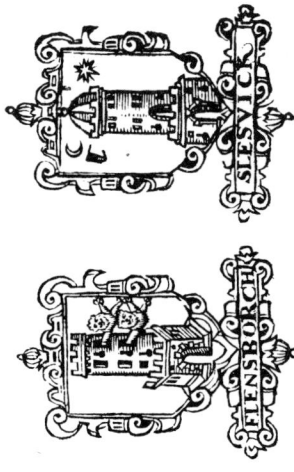

FLENSBORCH · SLESVICK

FLENSBURGA.

Vrbs ego Menaliæ ducor Flensburga sub Arcto,
   Imperioq́; semel Danica Sceptra suo.
Maxima pars nostri de civibus æquore vasto
   Mutandis varias mercibus auget opes.
Inclyto validæ stant propugnacula turris,
   Armeniæ servant monstra gemella feræ.

SLESVIGA.

Est Slesviga, velut quod parva sit insula, dicta,
   Quam vitreis circum Sleja claudit aquis.
Sleja Paridæm Maßs gratissimus amnis,
   Nobile Gottorpæ præsidiumq́; domus.
Astra quid in clypeo? quid Turris? ad æthera mentes
   Astra trahunt, Maris robora Turris habet.

ECEREFORDA.

Est alias inter quas Cimbria condidit, Vrbes
   Navigio felix Ecereforda suo.
Hinc capit urbanæ mediocria commoda vitæ:
   Flamma licet partæ non semel hausit opes.
Sunt triplices Vrbi s terres insigne, Sciurus
   Iungitur · unde venus plus ea nomen habet.

HEILIGENHAVA.

Dixit terra sacru quondam me Cimbrica pereñi,
   Commoditas vari o nomines eßg; luci
Namq́; sterex cultis quod Dania mercit ab oris
   Ad mea per refluas meruja freq́; aquas.
Extulit in signo gemmas domus ardesi Parmas,
   Quam super Vitiæ sunt data signa mihi.

OLDEN-

Hu-

Abb. 36, 37 In Epigrammen beschreibt Jonas von Elverfeld in seinem Buch „De Holsatia . . .", Hamburg 1592, auch schleswig-holsteinische Städte und stellt diesen Beschreibungen die Wappen der Orte voran. Es handelt sich um die ersten gedruckten Darstellungen von Städtewappen in unserem Lande. – Holzschnitt; Satzspiegel 16 × 9,6 cm; Schleswig-Holsteinisches Landesarchiv, Schleswig.

Das Zwey vnd zwanzigſte

Capitel. Vom Städlein Burg.

I.

Vom Namen dieſes Städtleins.

Vrg (wie ichs dafür halte) wird daher den
Namen haben / das vor zeiten allda nur
eine Burg geſtanden / darauff ſich etwan
ein Herr enthalten.

II.

Vom Situ oder Lager.

Es ligt diz Stedlein in der berühmten Inſel
Femern / im latein *Fimbria* / vnd *Cimbria parva* ge-
nant / ſo da ligt in der Oſtſee / vnd bey zwo Meilen
lang / vnd eine breit iſt.

III.

Vom Wapen des Städtleins Burg.

Dieſes Stedleins Wapen iſt alſo geſtalt:

K ij   Das

Abb. 38   Andreas Angelus faßt in seiner „Holsteinischer Städte Chronica . . .“,
Leipzig 1597, topographische sowie chronikalische Angaben schleswig-holsteinischer Städte kurz zusammen und illustriert sie – wie sein Vorbild Elverfeld
(vgl. Abb. 36, 37) – mit den jeweiligen Ortswappen. – Holzschnitt; Satzspiegel
24,5 × 12,2 cm; Schleswig-Holsteinisches Landesarchiv, Schleswig.

32 schleswig-holsteinische Städte mehr oder weniger vollständig. Flensburg, Hamburg, Lübeck und Schleswig versieht er mit Längen- und Breitengraden nach *Peter Appian* und beschreibt sie ausführlicher als die noch gut bedachten Städte Heide, Itzehoe, Kiel, Meldorf, Plön, Rendsburg, Tondern und Segeberg. Nicht selten kennt er aber nur Lage und Wappen wie bei Bredstedt, Garding, Lütjenburg, Lunden, Neustadt, Nicöping (Norburg auf Alsen), Oldesloe und Sonderburg und gesteht auch ein, nichts Weiteres darüber zu wissen.

Seine Kenntnisse hat er nicht nur von *Jonas von Elverfeld*, sondern auch – ohne daß er ausdrücklich genannt wird – von *Heinrich Rantzau*, wie aus Textvergleichen mit dessen ,,Cimbricae Chersonesi . . . Descriptio'' und zwei Karten hervorgeht, die beiden Werken gemeinsam sind. Dabei handelt es sich zum ersten um eine grobe Darstellung der cimbrischen Halbinsel, deren nördlicher Teil mit Skagen in der Nord-Süd-Richtung überbetont wird. Während der jütische Bereich nur wenige topographische Einzelheiten ausweist, werden im Herzogtum Schleswig die Landschaften Angeln (Anglia parva), Nordfriesland (Frisia parva) sowie Eiderstedt besonders bezeichnet und die Städte Hadersleben mit der Hansburg, Apenrade, Flensburg, Schleswig und Eckernförde an der Ostküste sowie Tondern und Husum an der Westküste benannt. In der Ostsee werden die Inseln Alsen mit Sonderburg sowie Fehmarn (parva Cimbria) mit Burg, in der Nordsee Sylt, der Inselkomplex Nordstrand (Strand) und Helgoland ohne ihre natürlichen Konturen mit willkürlichen Umrissen und zumeist zu weit nördlich heraufgerückt eingezeichnet und die Schlösser Glücksburg und Gottorf sowie das Danewerk mit Signaturen vermerkt. Im Holsteinischen finden sich die Städte Kiel, Heiligenhafen, Oldenburg, Ahrensbök und Lübeck in der östlichen Küstennähe, Trittau, Oldesloe, Segeberg, Bramstedt, Neumünster und Rendsburg gleichsam auf einem betonten Mittelstreifen und Lunden, Heide, Meldorf, Wilster, Itzehoe, Krempe und Hamburg nahe der Elbe und Westküste, der die Insel Büsum vorgelagert ist. Ferner sind die im Besitz der Familie Rantzau befindlichen Güter Breitenburg, Neuhaus und Rantzau eingetragen, wobei letzteres, nach humanistischer Tradition als Stammsitz der Rantzaus angesehen, besonders hervorgehoben ist.

Ebenso bemerkenswert dürfte die zweite, die ostgerichtete Karte von Angeln sein. Auf der stark verkürzten Basis zwischen Flensburg und Schloß Gottorf wird in unregelmäßigem Dreiviertelbogen der verzerrte Küstenverlauf Angelns gezeichnet. In dieses recht unförmige Gebilde sind die fünf Harden, die Nie-, Schließ-, Struxdorf-, Husby- und Uggelharde, ohne Grenzlinien eingetragen und zumeist durch Signaturen und vielfach verschriebene Namen die Städte, Kirchen, Schlösser, Güter und Fähren kenntlich gemacht. Bei den Gütern werden, ohne daß Vollständigkeit angestrebt ist, mit Abkürzungen die Namen der Besitzer beigefügt so für Gelting C(laus) v. Alefeld, für Rundhof H(enneke) R(umohr) oder für Fahrenstedt und Satrupholm H(einrich) v. A(lefeld). Schließlich seien noch die humanistischen Zutaten erwähnt, wonach die Treene (Treia) ihren Namen nach dem Zusammenfluß dreier Wasserläufe (tria flumina) habe und die alten Angeln in Hollingstedt die

39

40

61

Schiffe bestiegen und nach Britannien über das Meer gesegelt seien (Hollingstede Hinc veteres Angli naves conscenderunt et in Britannicum per oceanum navigati sunt).

Die Karten, die sich in ihrer formalen und zeichnerischen Gestaltung keineswegs mit den gleichzeitigen Städtebildern und Karten der vorgenannten überregionalen Werke messen können und, ohne die Hilfe erfahrener Fachleute in Holz geschnitten, eher dem allgemeinen schleswig-holsteinischen Niveau der Kartographie entsprechen, finden sich auch in *Heinrich Rantzaus* beachtenswertem Manuskript „Cimbricae Chersonesi eiusdemque partium, urbium, insularum et fluminum . . . descriptio" aus dem Jahre 1597, das erst fast 150 Jahre später von *Ernst Joachim von Westphalen* in seinen aufwendigen „Monumenta inedita" im Druck veröffentlicht wurde und bis zu diesem Zeitpunkt in seinem Gesamtumfang so gut wie völlig unbekannt blieb. Die Beschreibung der cimbrischen Halbinsel, ihrer Landesteile, Städte, Inseln und Flüsse besteht aus vier Büchern, von denen wir das dritte, das sich mit Namen, Herkunft und Tapferkeit der Cimbern befaßt und von *Rantzau* selbst großenteils im Jahre 1594 veröffentlicht wurde, und das vierte Buch, das cimbrische Heilige, Bischöfe, Politiker und Militärs behandelt, unberücksichtigt lassen müssen.

In dem ersten Buch gibt *Heinrich Rantzau* einen zusammenhängenden Bericht über das Schleswig-Holstein seiner Zeit, seine Lage und seinen Reichtum. Er rühmt die Fruchtbarkeit des Landes, das Weizen, Gerste, Hafer, Hirse und verschiedene Gemüsearten in solcher Fülle hervorbringe, daß große Mengen exportiert werden könnten. In den Wäldern des Amtes Rendsburg beispielsweise könnten 14 000 und des Schlosses Gottorf gar 30 000 Schweine gemästet werden, und mancher Adlige verdiene an der Schweinemast 4000 Taler im Jahr. Menge und Vielfalt des Wilds wird unter Angabe der Gattungen geschildert, Schiffbarkeit und Fischreichtum der Flüsse und die Vielzahl der natürlichen Häfen an Ost- und Nordseeküste gelobt. Auch auf die Sprachverhältnisse in den Herzogtümern geht *Rantzau* ein wie auf die Verfassung des Landes, sein staatsrechtliches Verhältnis zum Deutschen Reich und zu Dänemark, seine Landesherren und Stände und ihren Besitz. Er berücksichtigt Gerichtsverfassung, Stadt- und Landrechte und fährt dann mit einer Beschreibung der einzelnen Gebiete Stormarn, Wagrien, Dithmarschen, Holstein, Schleswig und Jütland, ihren Städten, Adelssitzen und Besonderheiten fort. Das zweite Buch ist den Inseln, zu denen auch das durch Flensburger Förde, Schlei und Treene abgeschnürte Angeln gezählt wird, den Flüssen und dem Fischreichtum des Landes gewidmet.

Abb. 39 Die Karte der cimbrischen Halbinsel, die sich in Andreas Angelus' Städtechronik, 1597 (vgl. Abb. 38), und in Heinrich Rantzaus „Descriptio . . .", 1597, findet, bietet eine stark vereinfachte und vergröberte Nachbildung aus der Dänemark-Karte von Marcus Jordanus (s. vorderer Innendeckel). – Holzschnitt; 32,7 × 21,3 cm; Angelus: Schleswig-Holsteinisches Landesarchiv, Schleswig; Rantzau: Universitätsbibliothek, Kiel.

Die „Descriptio" ist ihrem Umfang und Inhalt nach für die einzelnen Themenbereiche nicht ausgewogen. Am ausführlichsten wird der holsteinische Raum bedacht, für den *Rantzau* das meiste Material zusammentragen konnte, am wenigsten Jütland. In einem Nachwort bittet *Rantzau* den Leser um Nachsicht für sein Werk und dessen Auslassungen. Bei seinen vielen privaten und öffentlichen Geschäften habe er nicht immer die Gelegenheit gehabt, allem nachzuspüren, schon gar nicht im entfernteren Norden. Abstriche muß der heutige Benutzer aber auch bei den historischen Ausführungen und ethymologisch-philologischen Worterklärungen machen. Dennoch besitzen die Nachrichten, die *Rantzau* für seine Zeit aus eigener Kunde und nach Mitteilungen seiner Zeitgenossen, wie etwa des Helgoländer Präfekten Georg Brück über diese Insel, überliefert, einen hohen Quellenwert, so daß hier nur der von *Fr. Bertheau* und späteren seit dem Jahre 1891 erhobene Wunsch nach Übersetzung und kommentierter Neupublikation dieser ersten großräumigen Topo- oder Chorographie Schleswig-Holsteins und Jütlands wiederholt werden kann.

Die Landesbeschreibungen des ausgehenden 16. Jahrhunderts, die ebenso unvermittelt auftauchen wie die Karten und Städteansichten, deren Qualität aber nicht erreichen, sind erste Zeichen eines langsam erwachenden, gebildeten Bürger- und Beamtentums, das einer von nur wenigen Exponenten vertretenen, selbstbewußten und weltaufgeschlossenen Adelskultur, in der *Heinrich Rantzau* unter seinen dem herkömmlichen Rittertum verpflichteten Standesgenossen nicht unumstritten hervorragt, gelehrten Ausdruck verleiht. Trotz aller Mängel, die den topographischen und kartographischen Arbeiten aus dem *Rantzau-Kreis* anhaften, besitzen sie gleichwohl bei achtsamer Interpretation entscheidende Bedeutung für unsere Kenntnis von den Verhältnissen schleswig-holsteinischer Städte und adliger Güter. Dennoch dürfen diese Anfänge, denen auch *Adam Tratzigers*, des gelehrten Gottorfer Kanzlers, Topographie der Stadt Schleswig (1583), *Marcus Jordanus'* „Descriptio et ichnographia civitatis Slesvicensis" (1584), des Eiderstedter Stallers *Caspar Hoyer* „Descriptio Frisiae Eydorensis" (vor 1594) und des Pastors *Nicolaus Helduader* „Kurtze vnd einfaltige Beschreibung der alten vnd weitberümbten Stadt Schleszwig" (gedruckt 1603) zuzurechnen sind, in ihrer Breiten- und Nachwirkung nicht überschätzt oder isoliert gesehen werden. Denn fast gleichzeitig entstanden weniger prätentiöse, aber nicht weniger aussagekräftige Beschreibungen und Karten an der flutgefährdeten Westküste Schleswig-Holsteins, von der auch neue Impulse ausgingen.

Abb. 40   Älteste, stark verzerrte Spezialkarte des von der Flensburger Förde und der Schlei eingeschnürten Angeln. Sie ist der Städtechronik Andreas Angelus' und der „Descriptio . . ." Heinrich Rantzaus beigegeben. – Ostgerichtet; Holzschnitt; 20 × 30,9 cm; Angelus: Schleswig-Holsteinisches Landesarchiv, Schleswig; Rantzau: Universitätsbibliothek, Kiel.

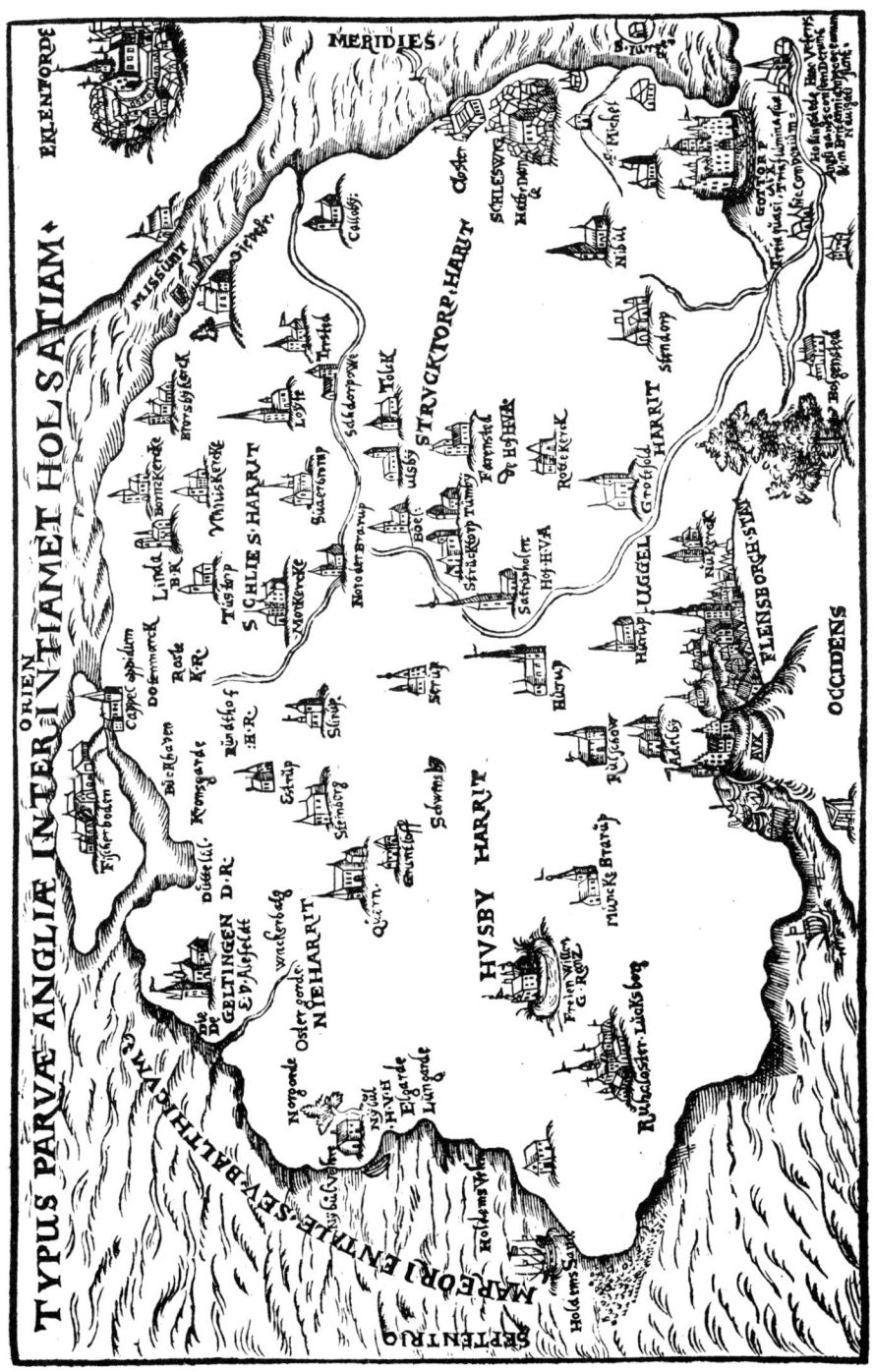

Segelanweisungen und Seekarten

Die See bedeutete aus zweierlei Sicht Gefahr für den Menschen. Die Seefahrer fürchteten unbekannte Fahrwasser, die Küstenbewohner das gegen ihre Deiche anbrandende Meer. Letztere wurden für die schleswig-holsteinische Überlieferung prägend. Doch mögen die zumeist auswärtigen Zeugnisse der Seefahrt nicht unerwähnt bleiben. Bereits aus dem 9. Jahrhundert besitzen wir Segelanweisungen der Wikinger *Ottar* und *Wulfstan* für küstengebundene Fahrten in dänischen und norwegischen Gewässern, der Ostsee mit Haithabu und dem „Weißen Meer". Ihnen verwandt und anfangs nur schwer davon zu unterscheiden sind Reisebeschreibungen wie die in den frühen Texterläuterungen, den Scholien, zu *Adam von Bremen* überlieferte Fahrtroute von Ripen die Küste entlang über Flandern, Südengland, Gallien, Spanien und durch das Mittelmeer zum Heiligen Land. Im 15. Jahrhundert traten an die Stelle der in Schifferkreisen meist mündlich weitergegebenen Routen- und Fahrwasserbeschreibungen geplante schriftliche Aufzeichnungen, unter denen das sog. „Niederdeutsche Seebuch", auf praktischen niederländischen und wohl auch hansischen Erfahrungen beruhend, für den Ostseebereich besondere Bedeutung errang. Die Segelanweisungen, die natürliche Seezeichen wie Inseln, Flußmündungen, Landvorsprünge und -erhebungen, aber auch sekundäre Merkzeichen wie Baken oder beachtenswerte Bauten an der Küste beschrieben, bildeten zusammen mit dem Lot, Entfernungs- und Zeitangaben sowie seemännischer Erfahrung lange Zeit die entscheidende Grundlage für die nordeuropäische Seefahrt. Seekarten, anfangs nur sog. Übersegler- oder Detailkarten einzelner Küstenabschnitte, kamen erst spät auf und stützten und ergänzten die Segelanweisungen lange, ohne sie zu verdrängen oder zu ersetzen. Sie erreichten nicht die Bedeutung der bereits seit dem 14. Jahrhundert für das Mittelmeer weit verbreiteten Portulan- oder Peripluskarten, die italienische und katalanische Seefahrer mit Einzeichnung zahlreicher, für diese Kartengattung typischer Kompaß-

*Abb. 41 Ausschnitt aus der „Seekarte" des Michaelis Tramezini, Venedig ▶
1558. Diese Karte ist eine Nachbildung der berühmten, großformatigen „Caerte
van Oostland" des Holländers Cornelis Anthoniszoon, der damit als erster um
1550 für Nordeuropa eine den Portulan-Karten des Mittelmeers vergleichbare
Kartenform mit den typischen Windrosen und Kompaßlinien schuf. – Kupferstich; 38,6 × 52,7 cm; Königliche Bibliothek, Kopenhagen.*

*Abb. 42 (nächste Doppelseite) Karte über die Inseln und die Nordseeküste von
Sylt bis Langeoog aus Lucas Janszoon Waghenaers Atlas „Spieghel der Zeevaerdt", Teil 2, Leiden 1586, mit Eintragung von Küstenansichten (Vertoonungen). – Ostgerichtet; kolorierter Kupferstich; 32,8 × 50,9 cm; Königliche Bibliothek, Kopenhagen.*

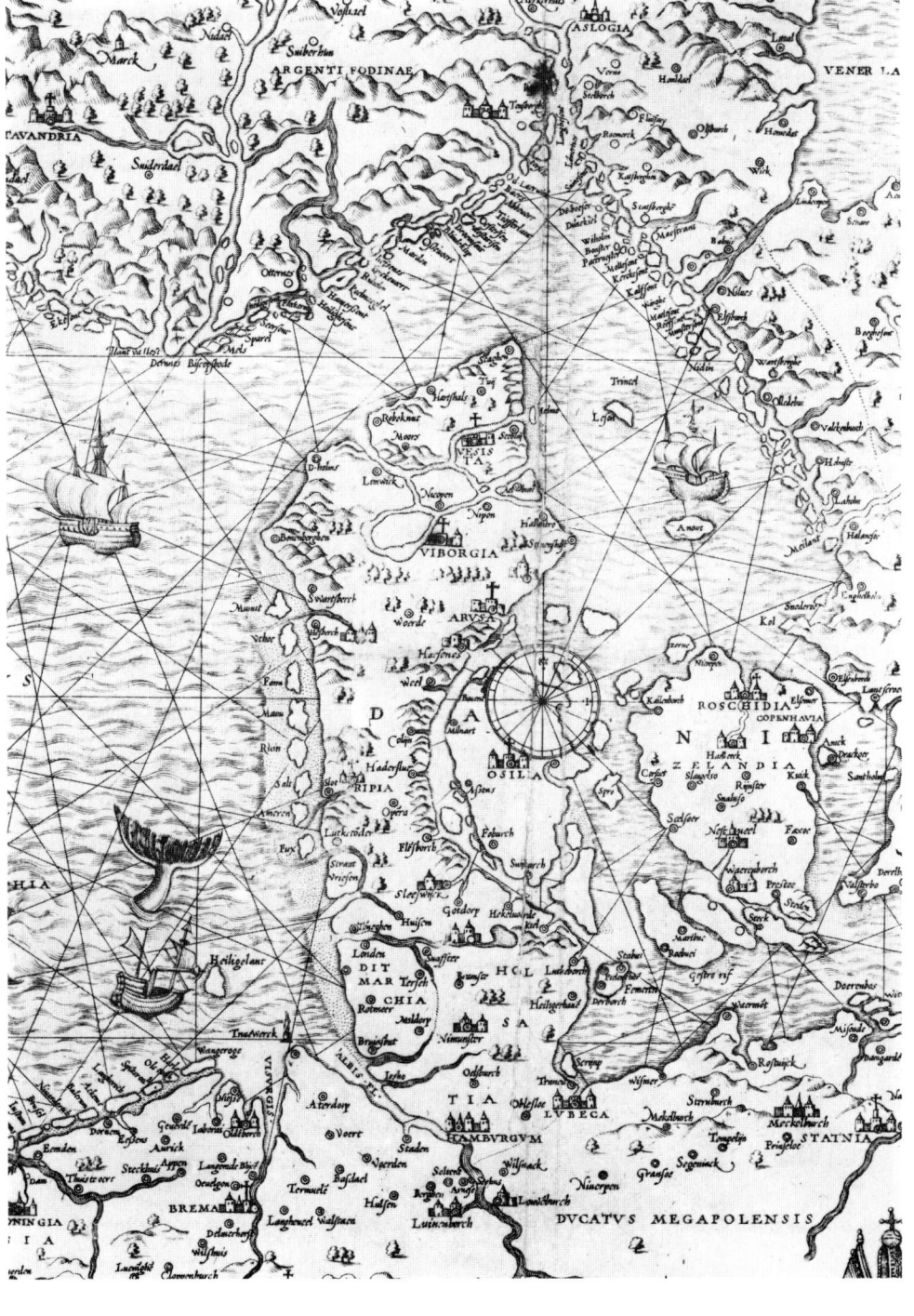

Hæc est latitudo insulæ Salt, vti præternauigantium aspectui exponitur.
Aldus verthoont hem Salt, alst dwars van v. is leggende en daer beneffens zeijlet.

Hæc est latitudo insulæ Ameren dictæ.
Aldus verthoont hem Ameren, als dwars van v. is legghende.

Cum Priuilegio

Descriptio ditionum littoralium maris Germanici, videlicet, Eyderstadij, Dithmarsiæ, cum parte aliqua ditionis Ieuerensis, nec non fluuiorum Visurgis, Albis, Eyderæ, Heueræ, aliorumq ostiorum, ducatuum, & vadorum, littoribus maris Germanici adiacentium. Lucas Ioes Aurigarius Inuentor.

EYDER
STE
DIT
Londen
Tonnenghen
Coetenghe
Vlcke sant
Westerheuer
Vlcke horn
Gartingen
Tatinghen
S: Pieter
Ees

STRANDT FROIESEN

Lutke Tonderen   Luem   Ditsbijl   Boplum   Hadstedt   Hussum

Hujer

Roet kliff

Habel
Orlant
Groede
Trinmar
Osterwoolt
Stintbijl
STRANDT
Pubel heuer
Pilworm

Werthoeft
Langenes
Fux vooren
noort mast
Hever
Keilel

Widhart
Gabner
Sijl
moel mast

Iurimans huijs
Iure sant

AMEREN

SILT
LIST
Roet Kliff
Landt diep
Rust
Dr Ruack
Tsurp van List

Visschers gatt
Ameren horn
Troodt diep

OCEANI
Norder oock
Zuijder oock
tSmale diep
Noordt bath
Zuijder bath
V.D. quaghi
Soijdt balch

SEPTENTRIO

GERMANICI

NOORDT

est Vera Dithmarsiæ delineatio, vti
gigantibus Albim sese exhibit.
verthoont hem ilandt van Dithmars
men vp de Elue is zeijlende.

Oster
moer

Frijburgh

Vrck waert

Vera descriptio prouinciæ Halensis,
vti traijcientis Albim sese offert.
Aldus verthoont hem tlandt te Hael,
alsmen de Elue is vp zeijlende.

Brunf
buttel

Hals
horn

Noorthuusen

Albis fluuius

Mildorp   Romerne

Baerst

Ater
dorp

8

TLA   NDT
TE

Olde woorden
oeren

tflack

Pilg
fant

Ter
voert

Doestorp

Buffe

De fant

Roemerder
fant

5

Grant
pot

De Moern

Olde brouk

Groen

Ritze buttel

Beschrijuinghe der
Zee Custen van Eijderste,
Dithmers, en ee deel vant Frow:
ges landt, de Weser, Elue, Eijder,
Heuer, en meer andere gaeten,
Zanden, en ondiepte, langes
alle de Cust gelegben.

Lehe

HAEL

vlacke
stroom

10

Rost
tot

Roft balch

5

12

Wedwardt

Houden

Nieuwe
gronden

opt wadt

Capperfmans
fant

Bixem
Waddens

Noordt gronden

Vega
fant

Eertop Tnieuwe
marck

Scortort
Pt honts balch

Missel waerde

Butia
Buerhauen

fluuius

gers landt

De Piroe

10

3

Nort
Zant

gronden

Noort balch

Zuytje balch

Witt gronden

Weser

tflack

Lanckwoorden
Equeerta

Sijbes fant

12

5

16

Bolffer fijl
De hooge wech

Knippens
Sommerden

De flauwe oordt

17

13

De Iae

Steenbalch

Scholich
Mensen

Huygh
oort

MERIDIES

17

18

Schonlers huech

Heijlige landt

10

Orangeooch

Ieverensis
pars

Ieuere
Garme fijl

Funke fijl

Warde
mer fijl

Fohenes
busen

20

Spijekerooch

P   A   R   S

Langerooch

Osse balch

ZEE

| 1. | 2. | 3. | 4. | 5. |
| Duitsche mijlen tot 15. in een graedt. |

| 1. | 2. | 3. | 4. | 5. | 6. |
| Spaensche mijlen tot 17½. in ten graedt. |

linien über ihre Routen und als Ansteuerungshilfen für Häfen anfertig-
ten. Nach ihrem Vorbild ist erst um die Mitte des 16. Jahrhunderts die
„Caerte van Oostland" des Niederländers *Cornelis Anthoniszoon* als
Holzschnitt entstanden. Die Karte, die für den Norden in der Qualität
über die südeuropäische Tradition hinausgeht und – offensichtlich auch
als fortschrittlich angesehen – von den Italienern *Michaelis Tramezini*
(1558) und *Joh. Franciscus Camocius* (1562) in Kupfer nachgestochen
wurde, stützt sich lediglich auf einige wenige Kompaßkurse, reiht die
Inseln an der Westküste ohne natürliche Konturen wie auf einer Perlen-
kette auf und zeigt – willkürlich die Peilungslücken auffüllend – einen
vereinfachten Küstenverlauf der cimbrischen Landzunge ohne Berück-
sichtigung der vorspringenden Halbinseln und der Buchten. Noch in
den 80er Jahren des 16. Jahrhunderts ließ die Stadt Amsterdam durch
einen nautischen Fachmann die Küste Schleswig-Holsteins bereisen
und untersuchen, da ihr Verlauf weitgehend unbekannt geblieben war.

41

Eine wesentliche Besserung brachte der „Spieghel der Zeevaerdt" des
Lucas Janszoon Waghenaer. Der großformatige, 1584 und 1585 in
Leiden herausgegebene, zweibändige Atlas, dessen Karten von *Jan van
Deutecum* in Kupfer gestochen und kunstvoll ausgestaltet wurden,
beruhte auf einschlägigen seemännischen Erfahrungen *Waghenaers*. In
Enkhuizen an der Zuidersee 1534 geboren, als Seemann ausgebildet,
hatte er mehrere Jahre als Steuermann und Lotse die Meere befahren.
Seine gründliche Einführung in navigatorische Probleme, die ausführli-
che Beschreibung wichtiger Küstenlinien und Schiffahrtsrouten von
Südspanien bis Norwegen und in der Ostsee und nicht zuletzt die
Qualität der Karteninhalte führten zu einer weiten Verbreitung des
Atlanten, der innerhalb kurzer Zeit mehrere Auflagen und Übersetzun-
gen in verschiedene Sprachen – darunter 1615 ins Deutsche – erlebte.

Den schleswig-holsteinischen Bereich erfassen vorwiegend drei Karten des zweiten Bandes, die Jütland von Ringköbing bis Sylt, die
Deutsche Bucht von Sylt bis Langeoog und die südwestliche Ostsee
darstellen. Wie in den anderen Karten sind in der ostgerichteten „Descriptio ditionum littoralium maris Germanici" die Fahrwasser besonders betont, mit ihren Namen bezeichnet und mit Tiefenangaben in
Faden versehen. Die Wattflächen werden ebenso berücksichtigt wie
Untiefen und Seezeichen. Die Land- und Inselumrisse sind nur wenig
zuverlässig wiedergegeben, aber wohl treffend durch Deichlinien,
Dünen und Kliffs gekennzeichnet. Die küstenferneren Gebiete, die den
Seefahrer nicht so sehr interessierten, treten in der Ausgestaltung
zurück. Dafür wird der obere Kartenrand genutzt für Küstenansichten
(Vertoonungen), wie sie sich den Schiffern von See aus darstellten.
Gerade diesen Aufrissen, die offensichtlich nach Augenschein gezeich-
net wurden, muß eine große Zuverlässigkeit zukommen, sollten sie

42

Abb. 43   Segelanweisung, um 1620, mit genauen Kursangaben von Helgoland ▶
her über die Untiefen der Eidermündung flußaufwärts bis zur „Nieuw ange-
fangne Stadt", dem späteren Friedrichstadt. – Kupferstich; 47 × 61 cm; Karten-
sammlung „Frisia minor" des Peter Sax; Königliche Bibliothek, Kopenhagen.

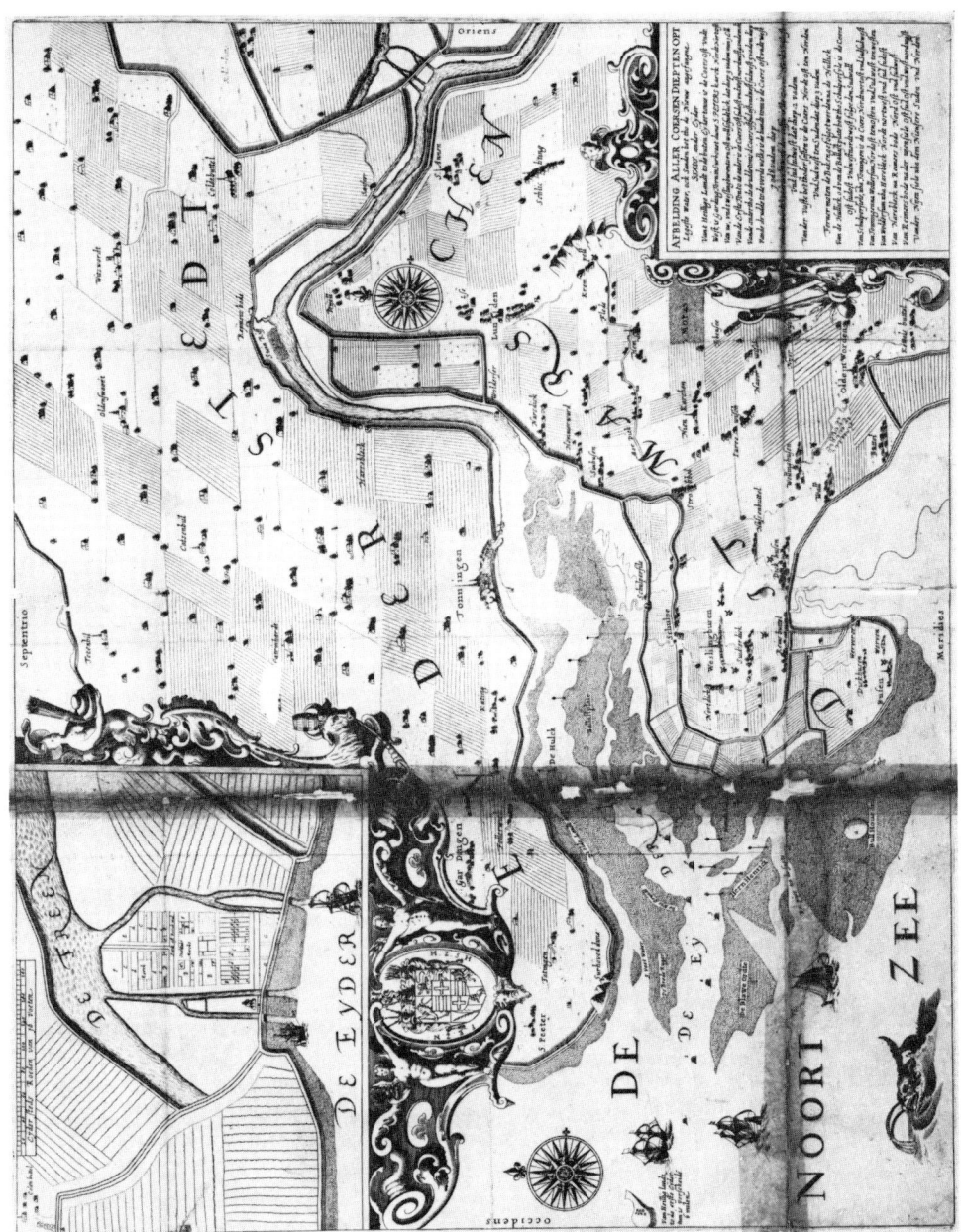

43

doch durch Vergleich mit der Wirklichkeit die Orientierung im Einzelfall erleichtern. Ein recht gutes Orientierungsmittel bieten auch die Kompaßrosen und -linien, die wohl fast rechtweisend getroffen sind. In größeren Zusammenhängen wird Schleswig-Holstein auch in der zweiten, kleinformatig gehaltenen Publikation *Waghenaers*, dem „Thresoor der Zeevaerdt" (1592), und in den Seehandbüchern anderer aufgenommen, die seinem epochemachenden Werk um die Jahrhundertwende nacheiferten.

43 Speziell auf unseren Raum ist erst eine Seekarte von der Eidermündung aus der Zeit um 1620 ausgerichtet. Sie bringt eine Darstellung des Fahrwassers von der Außeneider mit allen Untiefen, Sänden und Wassertiefen sowie den Seezeichen bis zur Höhe von Schülpersiel und beschreibt darüber hinaus in einer Segelanweisung außer der Ansteuerung von Helgoland her den weiteren Schiffahrtsweg über Reimersbude hinaus bis zu den neuen Treenesielen, dem Ort der noch nicht benannten „Nieuw angefangne Stadt an der Eyder", der gottorfischen Gründungsstadt Friedrichstadt. In der linken oberen Kartenecke ist ein Entwurf der später anders ausgeführten Stadtanlage hinzugefügt, darunter das Gottorfer Wappen abgebildet, das die Bedeutung des Herzoghauses symbolisiert für die neue Heimstätte holländischer Unternehmer und Glaubensflüchtlinge, denen diese Karte wohl als Wegweiser in unbekannten Gefilden dienen sollte. Auch wenn ihr Verfasser unbekannt ist, so stammt sie nach ihrem Gesamtductus zweifellos von einem Niederländer, der bei der Aufmessung des Stadtgebiets ab 1619 oder aber bei den vielen Bedeichungsvorhaben an der schleswig-holsteinischen Westküste beteiligt war.

Beschreibungen und Karten der Westküste

Der Kampf gegen das Meer und das Ringen um Erhaltung und Neugewinnung des fruchtbaren Marschlandes schärften den Blick für Wert und Wandel der Umwelt, so daß Geistliche und gebildete Bauern neben vorwiegend annalistisch-chronikalischen Aufzeichnungen schon früh auch topographische Beschreibungen ihres engeren Lebensbereiches verfaßten und sich zu deren besserem Verständnis an unbeholfenen kartographischen Darstellungen versuchten.

Als frühestes Beispiel ist *Johannes Petreus* zu nennen, der in Flensburg aufgewachsen, nach einem Schulbesuch in Magdeburg und Theologiestudium in Wittenberg von 1565 bis zu seinem Tode 1603 Pastor in Odenbüll auf Nordstrand war. Außer seinen „Annales", die den Zeitraum von 1565 bis 1597 umfassen, ist eine „Korte Beschrivinge des Lendlins Nordstrandes" überliefert, die topographische Angaben über Lage, Ausdehnung und Bedeichung der Insel zusammenstellt, aber auch Nachrichten über wirtschaftliche Grundlagen, Kirchen- und Schulsachen, landesherrliche und lokale Verwaltung und Rechtsordnungen der Insel und Sitten, Gebräuche und Besitzverhältnisse ihrer Einwohner

44 enthält. Seiner Handschrift war eine südgerichtete Karte aus dem Jahre 1597 beigefügt. Sie ist in einer jüngeren Nachzeichnung überliefert, die bereits die Neugründung Friedrichstadt und das 1624 aufgegebene

Deichbauvorhaben „Neuw Werck" vor Bredstedt enthält, aber den Zustand der Insel noch vor der großen Sturmflut von 1634 zeigt. Der ältere Karteninhalt ist in der „Beschrivinge" erläutert und auch von dem Nachzeichner, wohl *Johannes Mejer*, mit erklärendem Text versehen. Am treffendsten dürfte die Insel Nordstrand gelungen sein, auch wenn Breiten- und Längenangaben überschätzt, die Ortschaften signaturhaft und teils ungenau, Wattflächen gar nicht erfaßt sind. Aber schon in der nächsten Umgebung bei Lage, Größe und Zahl der Halligen, Benennung der Föhringer Kirchen und Entfernungsangaben zum benachbarten Amrum treten schwerwiegende Irrtümer und Fehler auf. Für Nordstrand beruht diese Karte sicherlich auf eigenen Arbeiten des *Petreus* und wohl auch auf Ergebnissen von Landmessungen, die Ende des 16. Jahrhundert auf der Insel durchgeführt wurden.

Wie sein Kollege auf Nordstrand zeigte der Büsumer Pastor *Johann Adolphi*, genannt *Neocorus*, ein lebhaftes Interesse an den natürlichen, historischen, politischen und kulturellen Verhältnissen seines Heimatlandes. Das erste Buch seiner bis 1619 geführten „Chronik des Landes Dithmarschen" bietet eine ausführliche Landesbeschreibung der ehemaligen Bauernrepublik und ihrer Kirchspiele; doch ist die häufig zitierte Karte über den Zustand Dithmarschens um 1500 eine spätere Beigabe, die erst der Kieler Professor *F. C. Dahlmann* für die Drucklegung des Werkes veranlaßte und bei dem Berliner *Wilh. Jättnig* 1826 stechen ließ.

Die zumeist chronikalischen Aufzeichnungen, die mit topographischen Angaben durchsetzt waren, blieben im nordfriesischen und Dithmarscher Raum keineswegs auf den Kreis studierter Pastoren beschränkt. Als gebildeter Haus- oder Landmann, „der in der Wohlredenheit nicht studiret", verfaßte der zu Wobbenbüll in der Hattstedter Marsch ansässige *Iven Knutzen* im Jahre 1588 „Ein Korte Vortekinge, umb welcker Tidt Eyderstede mit denen van der Gest und im Stapelholm landfest geworden . . . ". Aus Erzählungen Älterer und aus eigenem Erleben meinte er, die Entwicklung der Husumer Südermarsch gründlich zu kennen und fühlte sich durch seine Mitmenschen aufgefordert, dieses Wissen weiterzugeben. Seiner Beschreibung fügte er zwei ungelenke Karten mit halbperspektivischen Gebäudeeinzeichnungen 45 bei, die den „jungen Leuten" ein Bild vermitteln sollten, wie das Land im Hever-, Eider- und Treenebereich vor 100 Jahren, vor der Gewinnung des Dammkooges (1489), ausgesehen und sich durch die Eindeichung von zehn Kögen zu einer festen Landbrücke zwischen der ursprünglichen Insel Eiderstedt und dem Festland weiterentwickelt hatte. Dementsprechend wird auf der ersten historisierenden Karte zum Jahre 1489 mit Großbuchstaben auf vergangene Besonderheiten verwiesen und auf der zweiten Zeichnung durch Numerierung die Abfolge der Landgewinnung verdeutlicht und im Text erläutert. Gleichzeitig stellte *Iven Knutzen* mit seiner Dedikation für den Amtmann Sievert Rantzau einen aktuellen Gegenwartsbezug her, indem er ihm die Schrift als geschichtliche Einführung und Hilfe für seine Amtsgeschäfte bei der Bereisung und Schau von Deichen, Dämmen, Sielen und Schleusen empfahl.

Abb. 44 Karte des Johannes Petreus von der Insel Nordstrand aus dem Jahre 1597 in einer jüngeren Nachzeichnung des Johannes Mejer vor der großen Sturmflut 1634. – Südgerichtet; kolorierte Zeichnung; 29,6 × 37,3 cm; Universitätsbibliothek, Kiel.

NORTSTRANDIA CIMBRICÆ CHERSO, NESI INSVLA.

Scala miliaris Germanici.

1 2 3 4

ADIÆ   PARS.

Oldenswordt   Tetenbyll   Weyerheuer
Osterheuer.

DIE HEVER

Nielandt   Nübel   Heuerstet.   H
...ersbyll   B   F. dom   Sudfall
...inder... marsch   Trellhal   G
Grickel... Kogk   C   Kauff... bül   E   ORM   I   W
das hoge Moer   D   Morop   I
...ackenbyll   Brunne... Stinkebyl   Boheve... rin new... Kogk   Gt. Kirch.   Nort Ouch.   J. Dom
Königsbyll   Bubhene   20. Dom.   Die Hope   S E E
M.   Volgesbyll   Bülee   Osterwif   Balum   Bukweet   idom. 1 m.   13. dom.   Nortmarsch
Silbul   Bultee   Vesterwolf   K   Gradel. dom   Lamoesse 2. dom   Olandt

J. Dom.   Süder Ouch.

DIE WEST

Amrum

S. Johans   S. Nicolay
Die Geest   Die Marsch
S. Jurgens   FOERE.

Ebslandt. L   Habell
Guedslandt   Lundmelandt   Appelan
Veer   S. dom   Hoest
Oekholm   Hindelse.
Faretofft.   Wydot...

Hirhen aus gegen
Westen vnd Nord
Westen, 5. oder
6 meilen liegen
grosse Danse
Amstelrım. Parre
&c.

Die Inseln woo die 15. Kyll
im Jer gelangen,
A. S. Heyskyll. Viel. B. Fien
de marsch. Viel. C. Ganketyl. Viel.
D. Elgross. Viel. E. Buphener.
Viel. F. Thamm Viel.
G. Nie Kog. Viel. H. Suder
Viel. I. El. Kogs. Viel. K.
Osterwold. Viel. L. Bultee.
Viel. M. Volksbyli Viel.
N. Romburg. Viel. O. Mor
sum Dorf. P. Zylbra. Viel.

& fabam præsertim in locis
meridiem Vergentibus profer
coribus per opulent Boves ali
Eguis Vltu strennis & ferocib...
vide libell. tabula adharento.

Occidens

Als herausragendes Beispiel dieser von bäuerlichem Selbstbewußtsein geprägten Topographie der Westküste sind vor allem die handschriftlichen Landesbeschreibungen des *Peter Sax* zu nennen, die zu Unrecht lange Zeit in ihrem Wert hinter die im Jahre 1668 von *Anton Heimreich* im Druck herausgegebene „Nordfresische Chronik" zurückgestellt wurden. *Peter Sax*, aus Nordstrand gebürtig, ließ sich nach Schulbesuchen in Husum und Lübeck und einem Studium in Wittenberg etwa 1621 auf einem väterlichen Hof in Koldenbüttel, Eiderstedt, nieder. Als Koldenbüttler Kirchenältester und insbesondere Eiderstedter Ratmann erlangte er hohes Ansehen. Bereits kurz nachdem er sich als Bauer niedergelassen hatte, begann er eifrig, landesgeschichtliche Quellen und Chroniken zu sammeln und auf dieser Grundlage, vermehrt um eigene Anschauungen, Landesbeschreibungen zu verfassen oder Notizen dafür zusammenzustellen. So sind von ihm Aufzeichnungen erhalten, die einen summarischen Überblick über Nordfriesland als Ganzes bieten und spezielle Darstellungen einzelner Inseln wie Helgoland (1636), Nordstrand, Föhr, Amrum und Sylt (1637) und verschiedener Jurisdiktionsbereiche wie der Lundenberg-, Südergoes- und Nordergoesharde um Husum sowie – zumeist nur bruchstückhaft – der Karr- und Wiedingharde des Amtes Tondern. Im Jahre 1640 beschrieb er das südlich benachbarte Dithmarschen. Seine besondere Vorliebe galt den Dreilanden Eiderstedt, Everschop und Utholm, deren „Historische Beschreibung" von 1636 er mehrfach – zuletzt 1654 – ergänzte. Die Aufzeichnungen gliederte er in mehr oder weniger ausführliche Kapitel über ethymologische Begriffe, Lage, Altertümer, historische Eigentümlichkeiten und wirtschaftliche und siedlungsmäßige Besonderheiten der beschriebenen Gebiete und religiöse, verfassungsmäßige und rechtliche Verhältnisse ihrer Einwohner. Die Darstellung ist gegenüber den herangezogenen, im einzelnen nachgewiesenen Quellen recht unkritisch und vielfach mehr Zeugnis eines Sammeleifers als eigener Leistung. Das gilt besonders für seine bemerkenswerte, unter dem Titel 46, 48 49, 54 „Frisia minor" im Jahr 1638 angelegte Sammlung von Karten aus dem Bereich der schleswigschen Westküste.

Sax' wenige eigene Kartenentwürfe sind außerordentlich plump und auch die von ihm nach anderen Vorlagen kopierten Karten sind recht ungeschickt wie schon Vergleiche mit den wenigen, im Original in dieser Sammlung überlieferten Karten zeigen. Andererseits ist die „Frisia minor" ein hervorragendes Beispiel dafür, daß insbesondere Deich- und Küstenkarten nicht mehr wie die früheren Prozeß- und die reinen Verwaltungszwecken dienenden Karten in den Registraturen der Landesherren und Amtmänner bis zu ihrer Wiederentdeckung durch die

Abb. 45 Historisierende Karten des Landmanns Iven Knutzen, die – oben – den Hever-, Eider- und Treenebereich vor der 1489 angesetzten Eindeichung des Dammkooges, wodurch Eiderstedt landfest wurde, und – unten – das Gebiet zwischen Husum und Koldenbüttel sowie Witzwort mit Einzeichnung der bis 1588 eingedeichten Köge wiedergeben. – Südgerichtet; Zeichnung; 28 × 17,8 cm; Königliche Bibliothek, Kopenhagen.

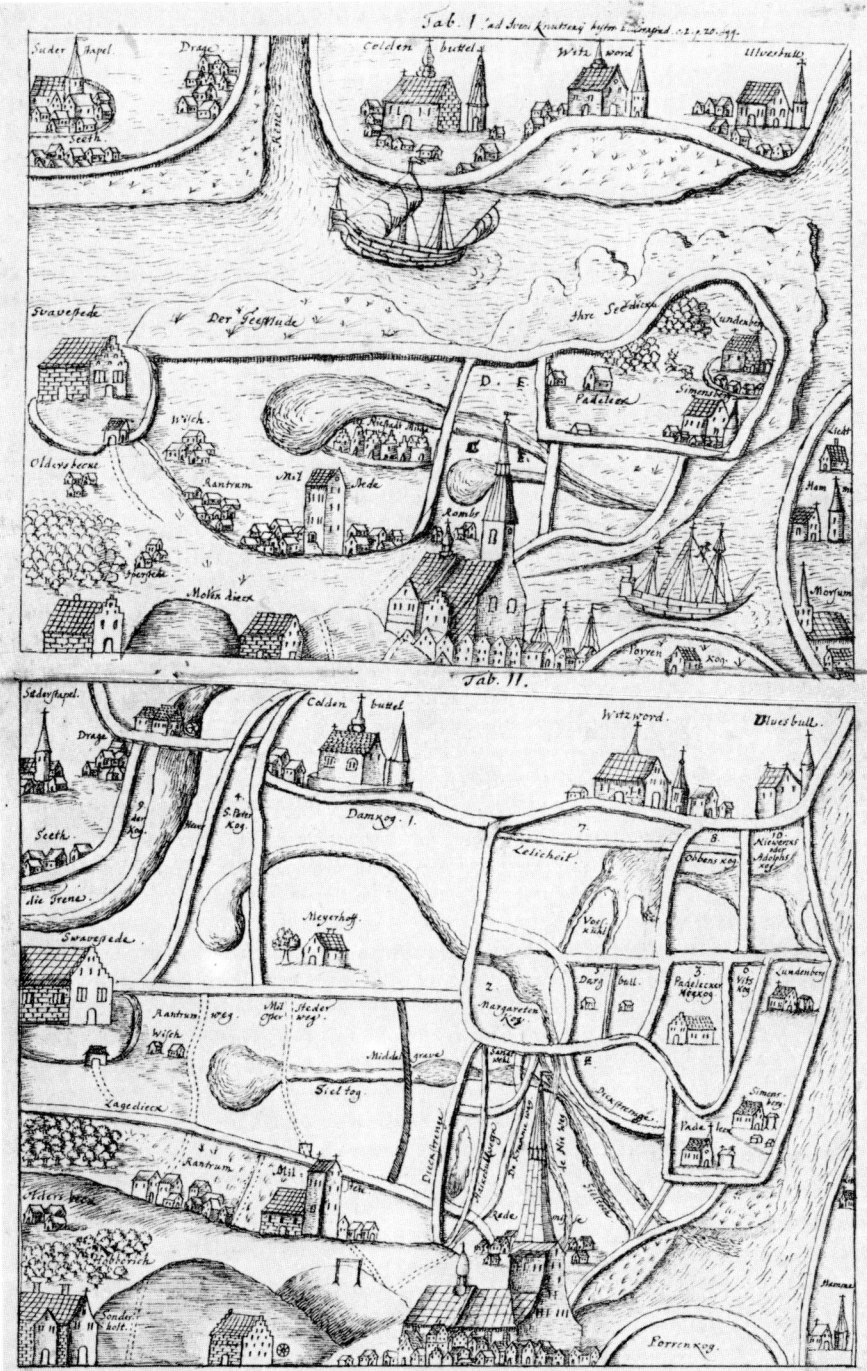

wissenschaftliche Forschung aus dem Blickfeld der Öffentlichkeit verschwanden. Die von einheimischen Landmessern und vor allem holländischen Deichbauingenieuren aufgemessenen und entworfenen Karten wurden in dem Kreis der Betroffenen und Interessierten aufgegriffen, weitergereicht und teilweise sogar publiziert. Wie ist es sonst zu erklären, daß sich bei *Peter Sax*, der auch zu den Außenkoogsleuten berufen wurde, die Deichbauvorhaben benachbarter Köge begutachteten, Karten finden, die auf ältere, aber auch zeitgenössische Vorlagen zurückgehen. So sind bei ihm Nachzeichnungen einer Landkarte des Landmessers *Joh. Petersen* von Nordstrand um 1610, von Abrissen Amts Tonderner Marschländereien 1611/12 von *J. C. Rollwagen*, von Aufnahmen der Bredstedter Watten 1620/21 von dem Dithmarscher Landmesser *H. Tetens* oder von Nordstrand- und Helgolandkarten des Niederländers *J. Behrens* von 1634, aber auch die bereits erwähnte gedruckte Karte der Eidermündung von 1620 überliefert, um nur einige wenige Beispiele der gut 50 Karten zu nennen, die in dieser Sammlung enthalten sind.

    Aus dem Kreis niederländischer Deichbauingenieure und -unternehmer wie *J. C. Rollwagen* und seinem Sohn, *J. Berends*, *Chr. Becker* und *J. A. Leeghwater*, die mit Eindeichungsprojekten in der Dagebüller Bucht und mit Trockenlegungsvorhaben in der westlichen Sorgeniederung befaßt waren, stammen auch die ersten gedruckten Spezialkarten über diese beiden Gebiete. Sie erschienen 1631 in Amsterdam als kleine Eckkarten in einer Holstein-Karte, die der dänische Historiker *Johannes Isacius Pontanus* seiner „Rerum Danicarum Historia" beigegeben hatte; von *H. Hondius* gestochen, fanden sie auch in dessen Atlanten Aufnahme wie in späteren Publikationen des *Nic. Joh. Piscator*.

    Neben die deichbautechnischen und administrativen Belange, die zur Entstehung der Karten führten, trat also bereits früh ein starkes historisch-topographisches Interesse, das ihre Überlieferung und Verbreitung förderte, auf dieser Grundlage aber ebenso historische Spekulationen aufbaute. Bis in die Gegenwart erhitzen sich die Gemüter über die phantastischen Rekonstruktionen, die *Peter Sax* von der Gestalt Eiderstedts, Everschops, Utholms oder Nordstrands vor Ankunft der Friesen, von Sylt um 1300 oder vom untergegangenen Rungholt entworfen und zu Papier gebracht hat. Mit diesen Ideen hat er auch den jungen *Johannes Mejer* beeinflußt, der sie verschiedentlich übernommen, ansprechend gezeichnet und teilweise mit der „Newen Landesbeschreibung" in den Druck gegeben hat. Bis heute finden sich immer wieder einzelne Anhaltspunkte, die die Diskussion um den Wahrheitsgehalt dieser Utopien aufleben lassen, doch liegen die Vorzüge *Mejers* nicht in der sauberen Umsetzung phantastischer Ideen, sondern in der entscheidenden Weiterentwicklung der schleswig-holsteinischen Kartographie.

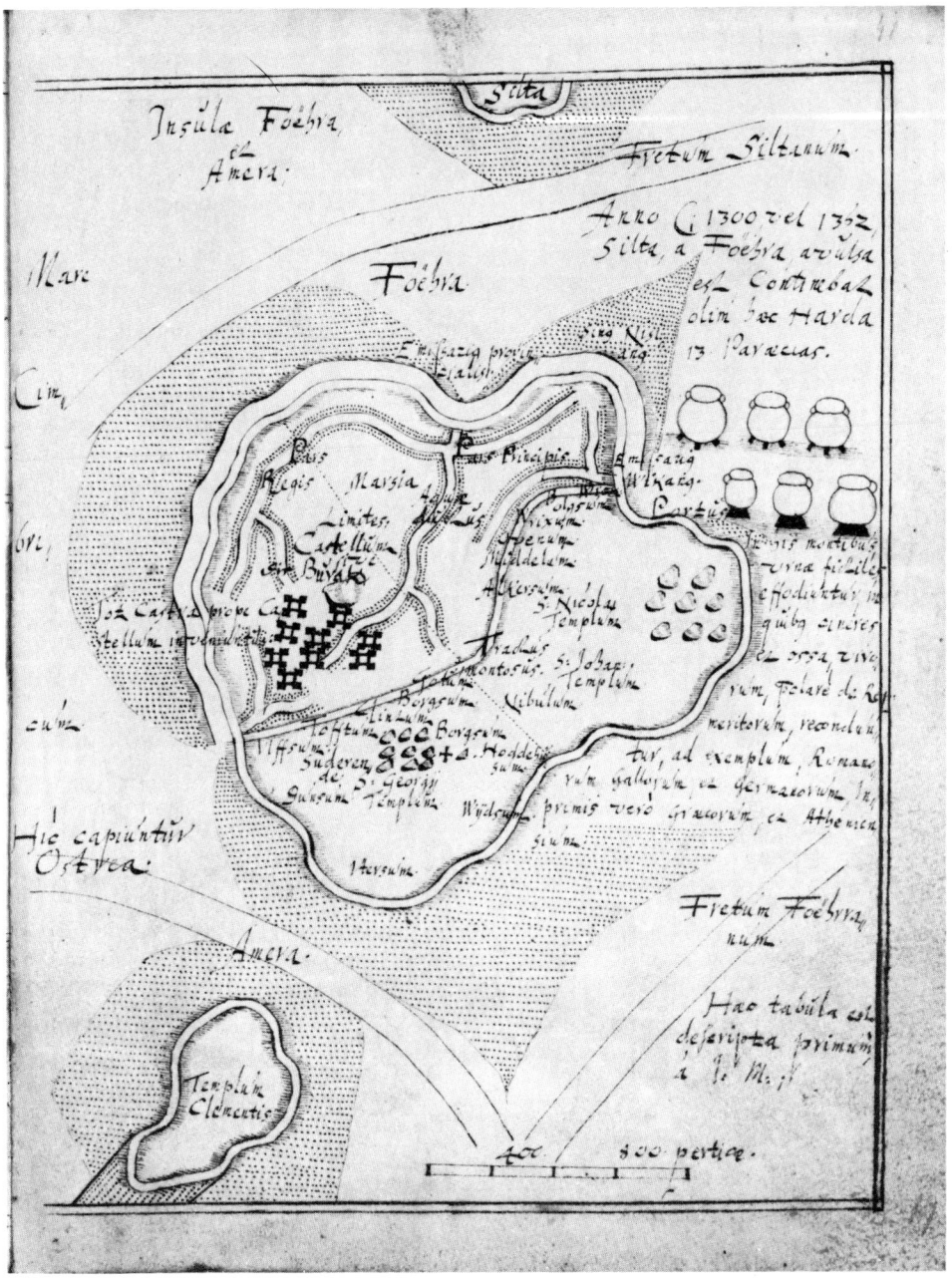

Abb. 46   Grobe Nachzeichnung Peter Sax' von einer Karte der Inseln Föhr und
Amrum mit Eintragung vor- und frühgeschichtlicher Nachrichten, Denkmäler
und Funde. – Zeichnung; ca. 27,5 × 21 cm; aus „Frisia minor"; Königliche
Bibliothek, Kopenhagen.

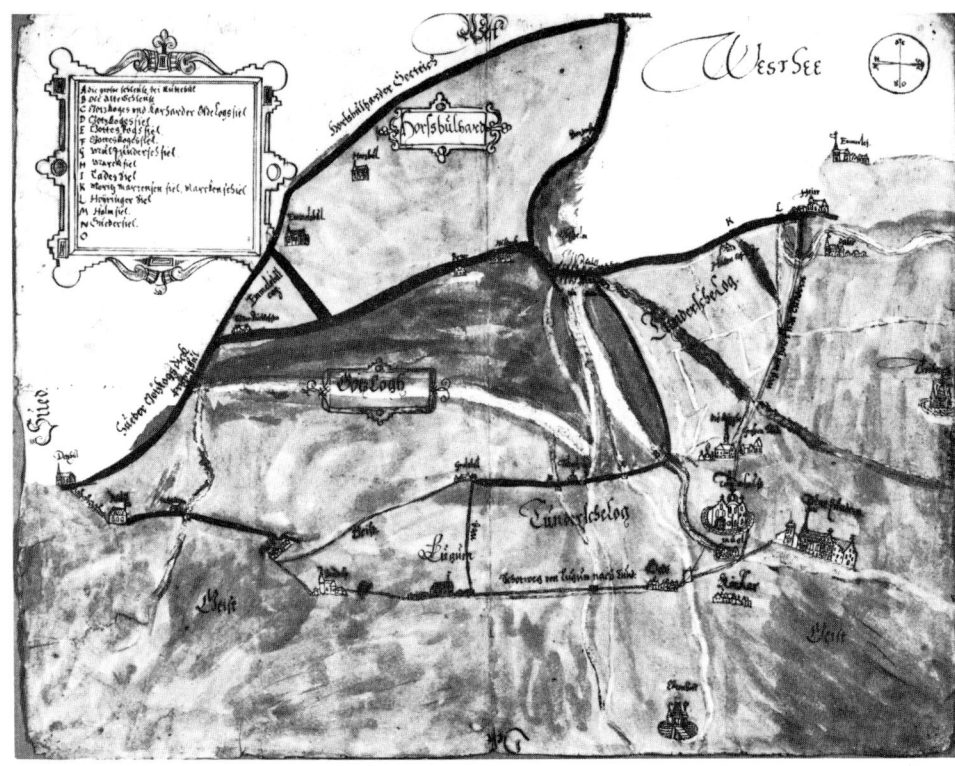

Abb. 47 *Marschländereien des Amtes Tondern zwischen Emmerlef, Troiburg sowie der Stadt Tondern im Norden und Deezbüll im Süden. Diese Karte, um 1615 angefertigt, wird dem Gottorfer Generaldeichgrafen Johann Claussen Rollwagen zugeschrieben. Sie ist in dem herzoglichen Archiv erhalten, dürfte aber in anderen Fassungen den Zeitgenossen Rollwagens durchaus bekannt gewesen sein. Eine ähnliche Karte ist in Nachzeichnung von Peter Sax überliefert, der sie auf das Jahr 1613 datiert und J(ohann) C(laussen) R(ollwagen) als Zeichner seiner Vorlage angibt. – Westgerichtet; farbige Zeichnung; 34 × 43 cm; Schleswig-Holsteinisches Landesarchiv, Schleswig.*

Abb. 48, 49 *Auf jüngsten Vermessungsarbeiten niederländischer Deichbauunternehmer beruhen die beiden oberen Eckkarten, die einer von H. Hondius gestochenen Holsteinkarte beigegeben sind. Die linke (Abb. 48) zeigt den Landanwachs an der nordfriesischen Küste vor Deezbüll, die rechte (Abb. 49) die Sorgeniederung mit dem Börmer-, Megger- und Norderstapeler See. – Kupferstich; ganze Karte: 38 × 51,1 cm; Eckkarten jeweils 10,8 × 13 cm; Königliche Bibliothek, Kopenhagen. – Diese Karte, die sich zuerst in I. J. Pontanus' „Rerum Danicarum Historia", Amsterdam 1631, findet, ist fast eine Generation lang in unterschiedlichen Fassungen nachgestochen worden. Ein besonders schönes Exemplar stellt die Ausgabe von N. J. Piscator, Amsterdam 1659, dar (s. Abb. 50 hinterer Innendeckel).*

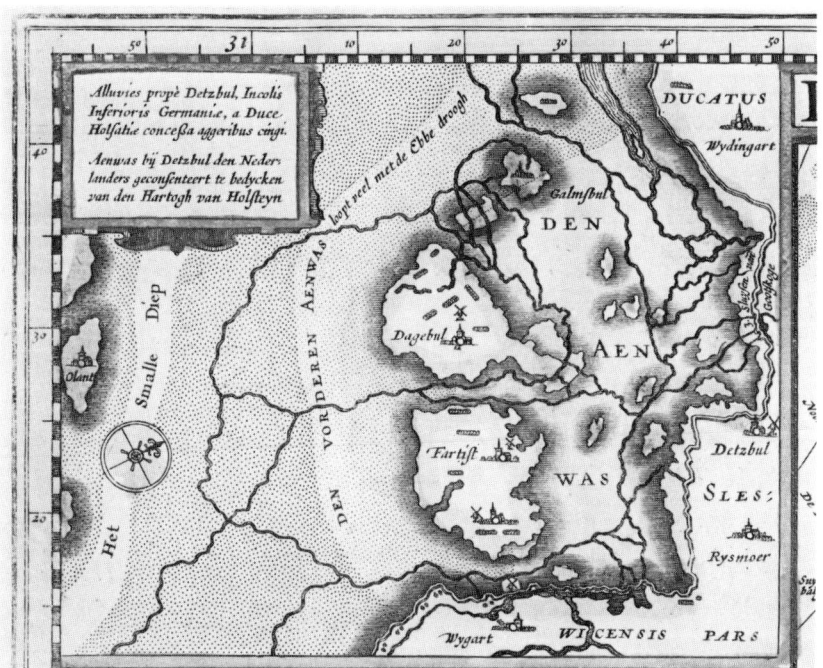

48

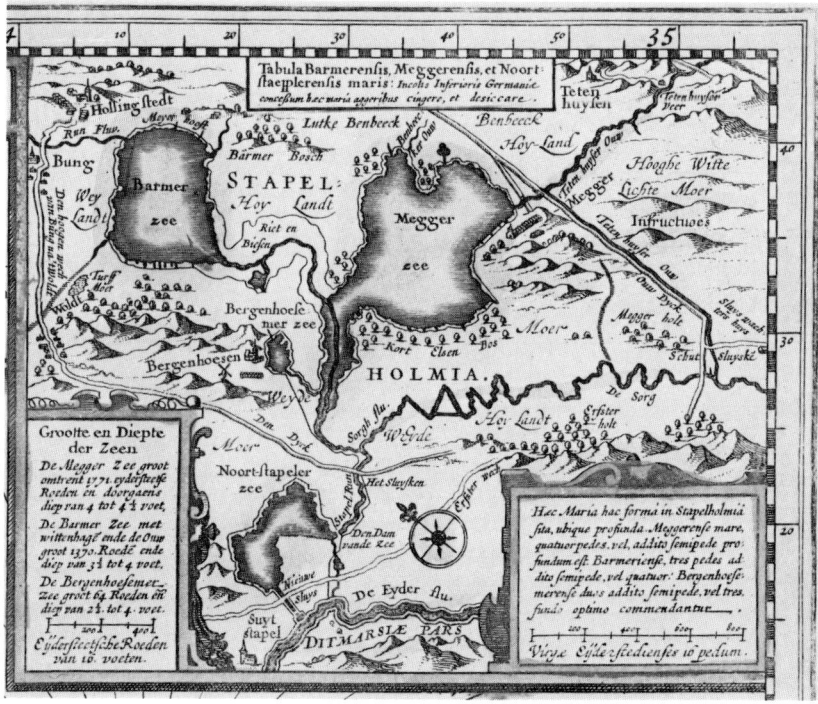

49

Der Kartograph Johannes Mejer und die Landesbeschreibung
des Caspar Danckwerth

Als ältester Sohn eines Diakons 1606 in Husum geboren, verdankte *Johannes Mejer* nach dem frühen Tode seines Vaters die entscheidende Förderung wohl seinem Onkel Bernhard Meyer, dem Pastor an der traditionsreichen, deutschen Petrikirche in Kopenhagen. An der Kopenhagener Universität erwarb er bei dem Astronomen *Longomontanus* und wohl auch dem Mathematiker *Thomas Fincke*, der über Landmessung las, ausgezeichnete Grundlagen der dort seit *Tycho Brahe* gepflegten Kartographie. *Tycho Brahe* hatte nicht nur genauere astronomische Beobachtungen durchgeführt und die dafür notwendigen Instrumente entwickelt, sondern auch von seiner Insel Hven aus erste Triangulationen vorgenommen und seine geodätischen Erfahrungen einem größeren Schülerkreis, darunter dem Niederländer *Wilhelm Blaeu*, vermittelt. Seinem Weltbild und seinen Methoden, denen er in weiterentwickelter Form bei den holländischen Deichbauingenieuren wiederbegegnete, fühlte *Johannes Mejer* sich sein Leben lang verpflichtet. Nach Husum zurückgekehrt, betätigte er sich als Schreib- und Rechenlehrer, Gelegenheitsdichter, Kalendermacher und als Kartograph, der – wie wir gesehen haben – auch *Peter Sax* behilflich war und sich seiner Sammlungen bedienen durfte.

Für 1635 ist eine erste Zahlung des Gottorfer Herzogs, der zwei Jahre später eine Hollandreise *Mejers* finanziell unterstützte, für eine Kartenzeichnung desselben überliefert. Im Auftrag Herzog Friedrichs III. stellte *Mejer* im Jahre 1641 einen Atlas des Amtes Apenrade fertig, der in 3 Übersichtskarten das Amt und seine Harden, in 9 Karten die Kirchspiele und das Warnitzer Birk sowie in 51 Karten die einzelnen Ortschaften mit Legenden zu den Anteilen an Acker, Wisch-, Moor- und Heideländereien sowie über die einzelnen Landbesitzer darstellte und durch erdbuchähnliche, nach Anweisung des Apenrader Amtsverwalters *Joachim Danckwerth* verfaßte Angaben ergänzt wurde. Ähnlich gestaltete er im selben Jahr einen 43 Karten enthaltenen Schleiatlas, in dem die zwischen Landesherrn und Adel strittigen Heringszäune eingezeichnet und beschrieben wurden, der aber auch Karten und Beschreibungen des Danewerks und der Stadt Schleswig enthielt. Sie entstanden aus administrativen und fiskalischen Gründen und mögen Vorstufen einer umfassenden topographischen Landesvermessung darstellen, wie sie in dem Zeitraum von 1586 bis 1631 von dem Markscheider *Matthias Oeder* und seinem Vetter *Balthasar Zimmermann* in Kursachsen durchgeführt worden waren, mit dessen Fürstenhaus Herzog Friedrich III. von Gottorf verschwägert war. Doch ließen die wachsenden politischen Spannungen und die Kriegshandlungen in den Herzogtümern Schleswig und Holstein derartig umfassende kartographische Maßnahmen unter staatlich-gottorfischer Regie kaum zu.

51

52

53

82

Abb. 51 Porträt des Johannes Mejer; Ausschnitt aus seinem „Mathematischen Abriß des großen Wundergebäwdes Gottes", einem Schema des Weltsystems, Husum 1651. – Kupferstich; 47,1 × 55,2 cm; Schleswig-Holsteinisches Landesmuseum, Schleswig.

Seit dem Jahre 1642 war *Mejer* auch für den dänischen König Christian IV. tätig, der ihn mit der Aufnahme der schleswig-holsteinischen Westküste beauftragte, ein Auftrag, der von beiden Landesherren, die *Mejer* zu ihrem Hofmathematiker ernannten, 1645 auf ganz Schleswig-Holstein ausgedehnt wurde. In den fünfziger Jahren vermaß und kartierte *Mejer* für den dänischen König Jütland und die dänischen Lande Schonen, Halland und Blekinge jenseits des Sunds und war dann mit der Realisierung eines nordischen Atlanten befaßt, der auch Karten von Bornholm, Gotland, den Färöern, Grönland und dem nordatlantischen Eismeer enthalten sollte. Von zunehmender Geldknappheit bedrängt, starb er, in Husum ansässig, im Jahre 1674.

Lebenslauf und kartographisches Werk *Mejers* sind vor fast 100 Jahren von dem Dänen *P. Lauridsen* eingehend untersucht und beschrieben und von den etwa 500 überlieferten Karten diejenigen, die das Königreich Dänemark betreffen, in einem ausgezeichneten dreibändigen Atlas im Jahre 1942 von *N. E. Nørlund* in den Publikationen des Geodätischen Instituts zu Kopenhagen veröffentlicht worden.

In unserem Zusammenhang sind *Mejers* Kartierungen der Herzogtümer Schleswig und Holstein von größerem Interesse, die er zehn Jahre lang von 1638 bis 1648, zuletzt im Auftrage der beiden Landesherren, durchführte. Gerade die Handzeichnungen von diesem Gebiet sind aber nicht im Original, sondern in Kupferstichen überliefert. Seit dem Jahre 1648 hegte *Johannes Mejer* den Gedanken, die Karten mit chorographischen Beschreibungen auf der Rückseite als Atlas mit Zustimmung seiner Auftraggeber zum Druck zu befördern. Seine Bemühungen, diesen Plan inhaltlich, finanziell und künstlerisch zu realisieren, führten 54

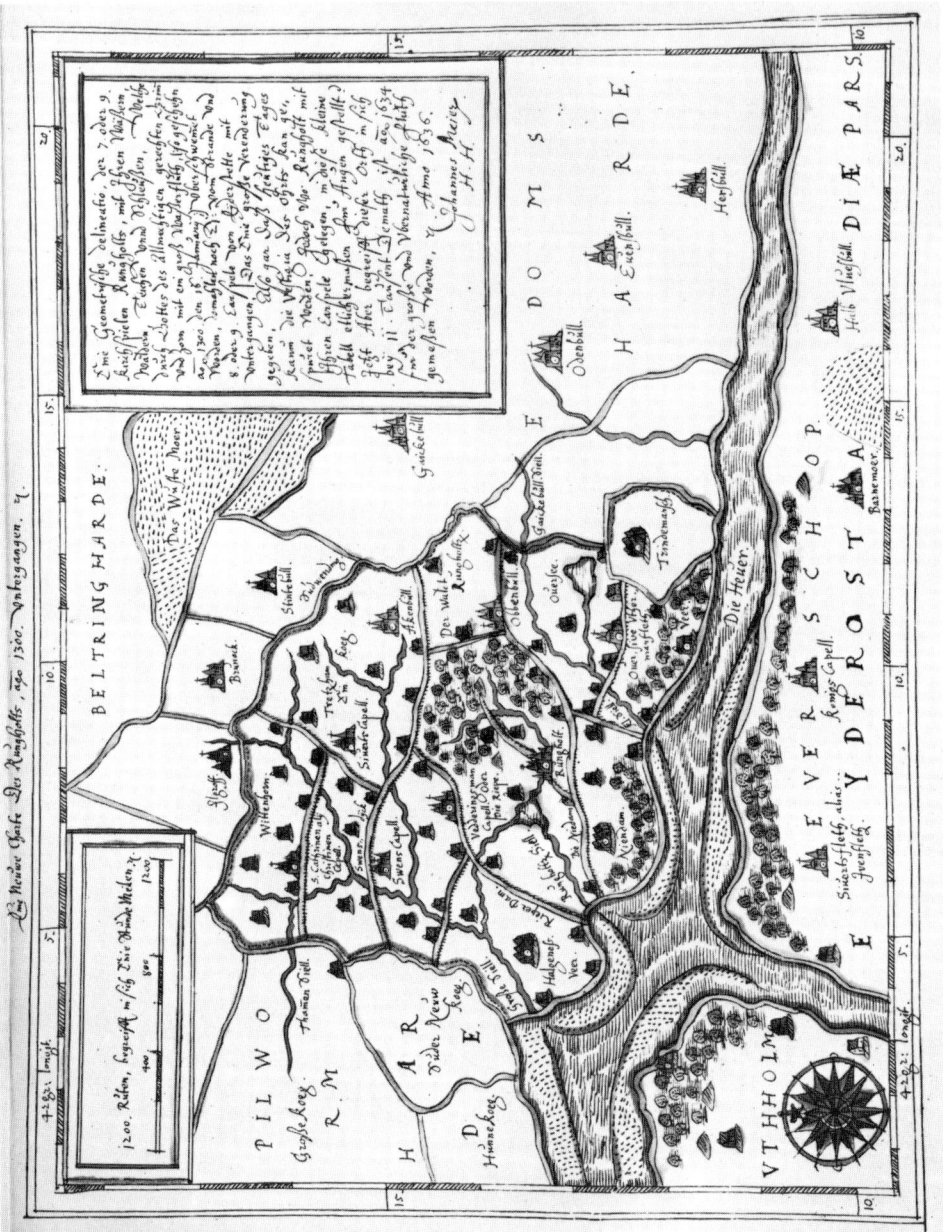

Ein Neuer Grafe Der Rungholts, ꝛ620. 1300. Verhergesagen. 4.

Eine Geometrische delineatio der 7. oder 9.
Kirchspielen Rungholts, mit ihren Pfarheren
Eingangs, und Pflegungen. Wie
durch Gottes des Almächtigen gerechten Zorn
von dem großen Wasserfluß, so geschehen
den 16. Januarij Oder, etwermich
an. 1300. Eingespühlt Der, zum Grunde und
Unterganges, Das Ende große Verenderung
geschehen. Als gar durst freytiges Tages
kann die Wittgen, das Grund kommer,
find Ihren Lauffe gehegen, manche kleine
Töseln etlichenmaßen sein Augen gefallt?
Ist Also begreist Einer Ortb in sich
bey 11. Tausent Demath, ist an. 1634
Von der großße und Vernunftige Platz
Gemeßen Werden. Anno. 1636.
Johannes Merry.
H. N.

BELTRING HARDE.

Das Wiße Meer

PILWO
Große Heeg.
R. M.
HARDE.
D.
Hunne heeg.
Floetam Diell.
Die Neue

1200. Röden, begreifft in sich Eine Vnnde Meden.
Pfaw.

VTHHOLM.

E Y D E R O S T A S.
A E V E R S C H O P.

H A R D E.
H A E verschall.

H A D O M I S

DIÆ PARS.

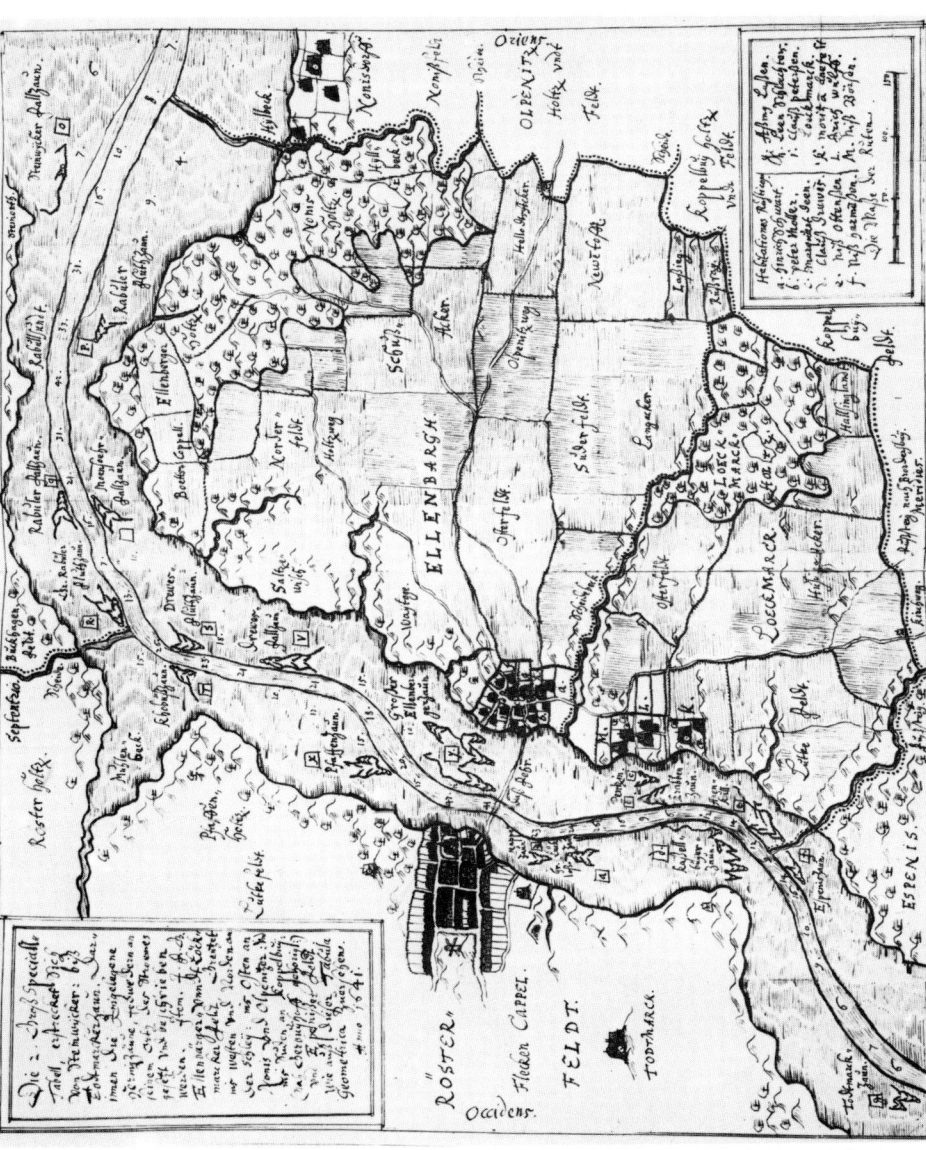

Abb. 52 Historisierende Karte des jungen Johannes Mejer, 1636, über das sagenumwobene Rungholt, dessen Untergang er – wie auch P. Sax auf den 16. Januar 1300 ansetzt, während er heute allgemein das Jahr 1362 annimmt wird. – Kolorierte Zeichnung; 30,1 × 39,9 cm; Königliche Bibliothek, Kopenhagen.

Abb. 53 Übersichtskarte über die Heringszäune in der Schlei zwischen dem ehemaligen Meierhof Dothmark bis etwa zur Ausbuchtung des Wormshöveder Noors bei Steinort mit Kappeln und Ellenberg als Mittelpunkt. Die Anlage der einzelnen Heringszäune verdeutlicht Joh. Mejer jeweils auf Spezialkarten seiner „Delineatio des gantzen Schleystrombs" von 1641. – Kolorierte Zeichnung; 34,6 × 42 cm; Schleswig-Holsteinisches Landesarchiv, Schleswig.

ein Jahr darauf vier mit der Stadt Husum verbundene Brüderpaare zusammen. *Mejers* jüngeren Bruder *Samuel*, in Kopenhagen als Apotheker zu Wohlstand gelangt, und die Brüder *Joachim* und *Caspar Danckwerth* übernahmen den Hauptteil der Finanzierung. *Joachim*, der uns bereits bei der Anfertigung des Apenrader Atlanten als Amtsverwalter begegnete, war mittlerweile zum Gottorfer Kammerherrn avanciert; *Caspar*, nach einem Medizinstudium wie sein Vater zum Bürgermeister von Husum aufgestiegen, fühlte sich historischen und genealogischen Interessen verbunden und zog außer dem Text für die Landesbeschreibungen auch die Leitung des Gesamtunternehmens an sich. Die Brüder *Mathias* und *Nicolaus Petersen*, Goldschmiede und Kupferstecher, sowie *Andreas* und *Christian Lorenzen*, Rotgießer, wurden mit dem Stechen der Karten und der künstlerischen Ausgestaltung des Werkes beauftragt. Im Jahre 1652 erschien es als prächtige „Newe Landesbeschreibung der zwey Hertzogthümer Schleswich vnd Holstein", wohl gedruckt in der Schleswiger Hofbuchdruckerei des *Jacob zur Glocken* und möglicherweise betreut von dem sachkundigen und welterfahrenen Gottorfer Gelehrten und Hofbibliothekar *Adam Olearius*.

Auch wenn der gelehrsame Text *Caspar Danckwerths* den Hauptteil des repräsentativen Werks ausmachte, bilden die Karten *Mejers* bis heute unbestritten das qualitative Rückgrat des Bandes. Selbst in ihrer Umsetzung durch die Hand der Kupferstecher verraten sie die Vorzüge, die *Mejers* Methode, Arbeitstechnik und Darstellung auszeichneten. Sein theoretisches Wissen, die Nutzung zeitgenössischer genauer Deichkarten niederländischer und einheimischer Provenienz, die seit 1638 wahrscheinliche Verwendung astronomischer Geräte zur Ermittlung der Polhöhen und Breiten, der Gebrauch des Kompasses zur Bestimmung der Längen, die Abmessung und vielfach auch treffende Schätzung der Entfernungen sowie die Hinzuziehung Ortskundiger zur Klärung topographischer Fragen führten zu Arbeitsergebnissen, die, im Lande unübertroffen, auf der Höhe ihrer Zeit stehen.

Die Husumer Kupferstecher haben sich offensichtlich weitgehend getreu an die kartographischen Leistungen *Mejers* gehalten, der ihnen dagegen sicherlich freie Hand bei der dekorativen Ausgestaltung des künstlerischen Beiwerks gelassen hat. Denn die Herausgeber waren zweifellos bestrebt, das Gesamtwerk den Zeitansprüchen anzupassen und auch den Landkartendrucken eine entsprechende Ausstattung mit auf den Weg zu geben. Wie *R. Zöllner* jüngst in überzeugender Form nachweisen konnte, haben den Kupferstechern jeweils neueste Landkarten- und Atlantenproduktionen insbesondere der führenden nieder-

55

Abb. 54 Die Karte der nordfriesischen Küste sowie der ihr vorgelagerten Inseln und Halligen von nördlich Nordstrand bis Mandö, die von Joh. Mejer 1644 gezeichnet und wohl von Matthias Petersen, Husum, gestochen worden ist, bietet ein seltenes Beispiel dafür, daß sich Joh. Mejer auch schon vor der „Newen Landesbeschreibung", 1652, mit Kartendrucken an eine breitere Öffentlichkeit wandte. – Kupferstich; 38,2 × 28 cm; aus „Frisia minor"; Königliche Bibliothek, Kopenhagen.

ländischen Firmen *Johannes Janssonius* und *Dr. Joan Blaeu* vorgelegen. Aus diesen Werken, aber auch einzelnen, mitunter älteren Blättern französischer Radierer und holländischer Graphiker übernahmen die Gebrüder *Petersen* und *Lorenzen (Rothgießer)* ihre Vorlagen für Vignetten, Staffagefiguren, Verzierungen und selbst die Kartuschen. So sind beispielsweise die Figuren, die die Karte vom Südteil Wagriens zieren, 56 einer Karte des Blaeu-Atlanten (1645) über die englische Grafschaft Nottinghamshire entnommen, in der Bauern bei der Kornernte als Kartuschenverzierung dargestellt waren, oder das martialische Lager unter der Festung Rendsburg einem Einzelblatt des Franzosen *Jacques* 57 *Callot* entlehnt und seitenverkehrt von den Brüdern *Petersen* in ihr Blatt kopiert. Die Kupferstecher orientierten sich also an den führenden Werken der Kartenkunst, die ihnen die Herausgeber, vor allem wohl *Caspar Danckwerth*, als Vorlage für ihre schwierigen gestalterischen Aufgaben zur Verfügung stellten.

Eine selbständige Leistung der Husumer Künstler mag die im Lande weit verbreitete Ornamentik des Knorpelwerks in den Kartuschen und Rahmenkompositionen der Karten darstellen. Wenn auch dieses nicht ganz sicher ist, so darf doch festgestellt werden, daß den Brüderpaaren eine harmonische Verbindung der verschiedenen Elemente gelang, die dem Niveau und Stil vergleichbarer europäischer Werke kaum nachstand.

Den Anforderungen humanistisch-gebildeter Kreise entsprach auch der Text der Landesbeschreibung, die *Caspar Danckwerth* mit allen Attributen zeitgenössischer Gelehrsamkeit verfaßte. In den drei Teilen: die Herzogtümer insgesamt und Schleswig und Holstein für sich, jeweils in ihre Verwaltungsbezirke untergliedert, wird auf gut 300 Seiten Großfolio eine Fülle ethymologischen, genealogischen, geographischen, historischen, emblematischen und statistischen Wissens ausgebreitet. In der Vergangenheit häufig benutzt und gelobt, heute leicht als unkritisch und kompilatorisch eingestuft, hat die Leistung *Danck-*

◀ *Abb. 55   Titelbatt der den beiden Landesherren König Friedrich III. von Dänemark (Mitte links oben) und Herzog Friedrich III. von Schleswig-Holstein-Gottorf (rechts oben) gewidmeten ,,Landesbeschreibung'', Husum 1652. – Kupferstich; 40,5 × 27,5 cm; Schleswig-Holsteinisches Landesarchiv, Schleswig.*

Abb. 56   Karte von Joh. Mejer über den Südteil von Wagrien. Sie umfaßt vor ▶ *allem das Herzogtum Plön, das Fürstentum und die Stadt Lübeck, das königliche Amt Segeberg und einen Teil von Stormarn. Erstmals wird – wie auch in anderen Karten der ,,Landesbeschreibung'' – der bis dahin kaum berücksichtigte Mittelrücken Schleswig-Holsteins kartographisch aufgearbeitet und dargestellt. – Kupferstich; 42 × 62,7 cm; Schleswig-Holsteinisches Landesarchiv, Schleswig.*

Abb. 57   Grundriß der befestigten Stadt Rendsburg mit den Belagerungsstel- ▶ *lungen des schwedischen Heeres, das im Jahre 1645 nicht, wie zwei Jahre zuvor, die Stadt einnehmen konnte. Die von Joh. Mejer gefertigte Karte erschien in der ,,Landesbeschreibung'', 1652, aber auch als Einzelblatt. – Kupferstich; 21,6 × 28,7 cm; Schleswig-Holsteinisches Landesarchiv, Schleswig.*

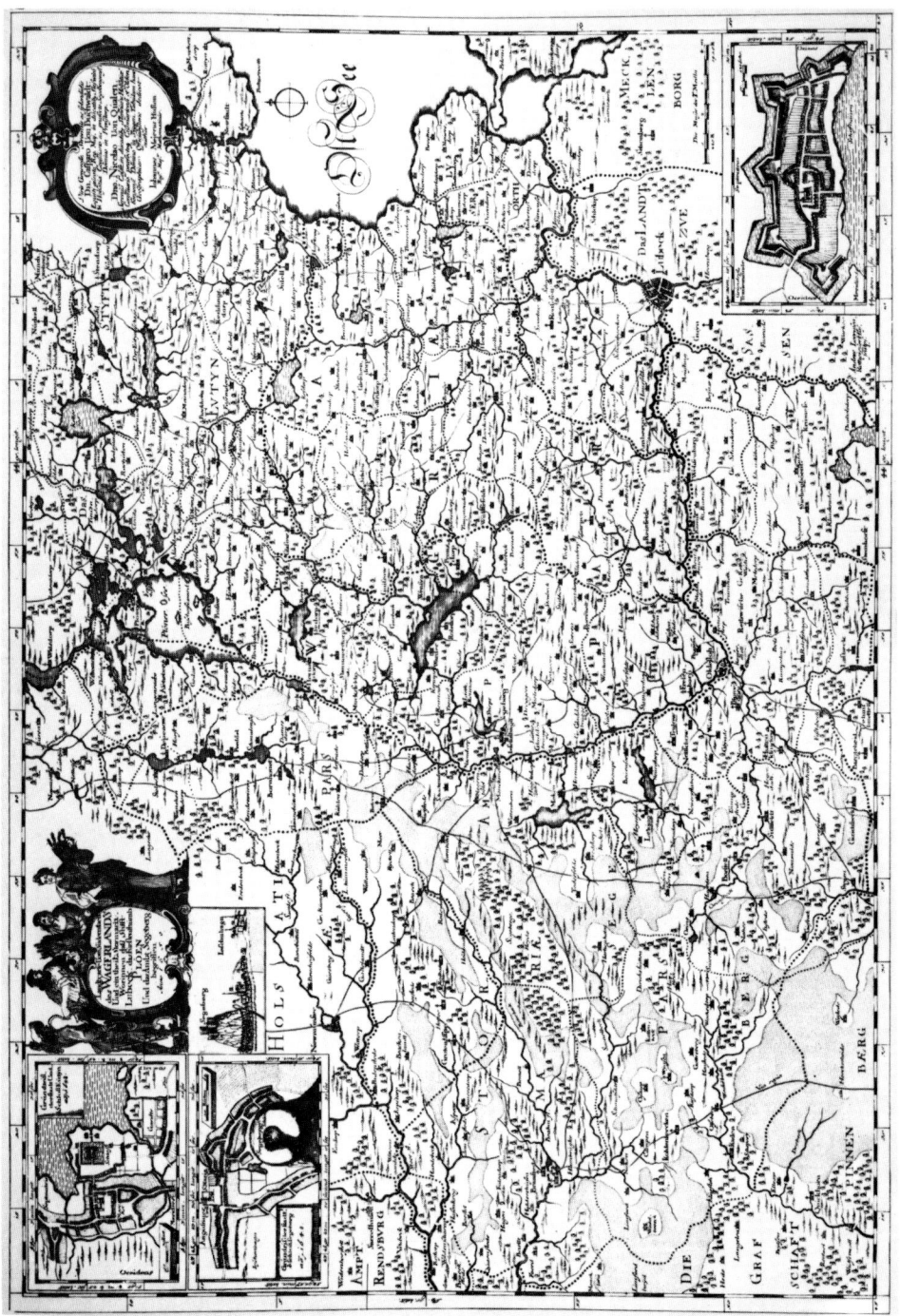

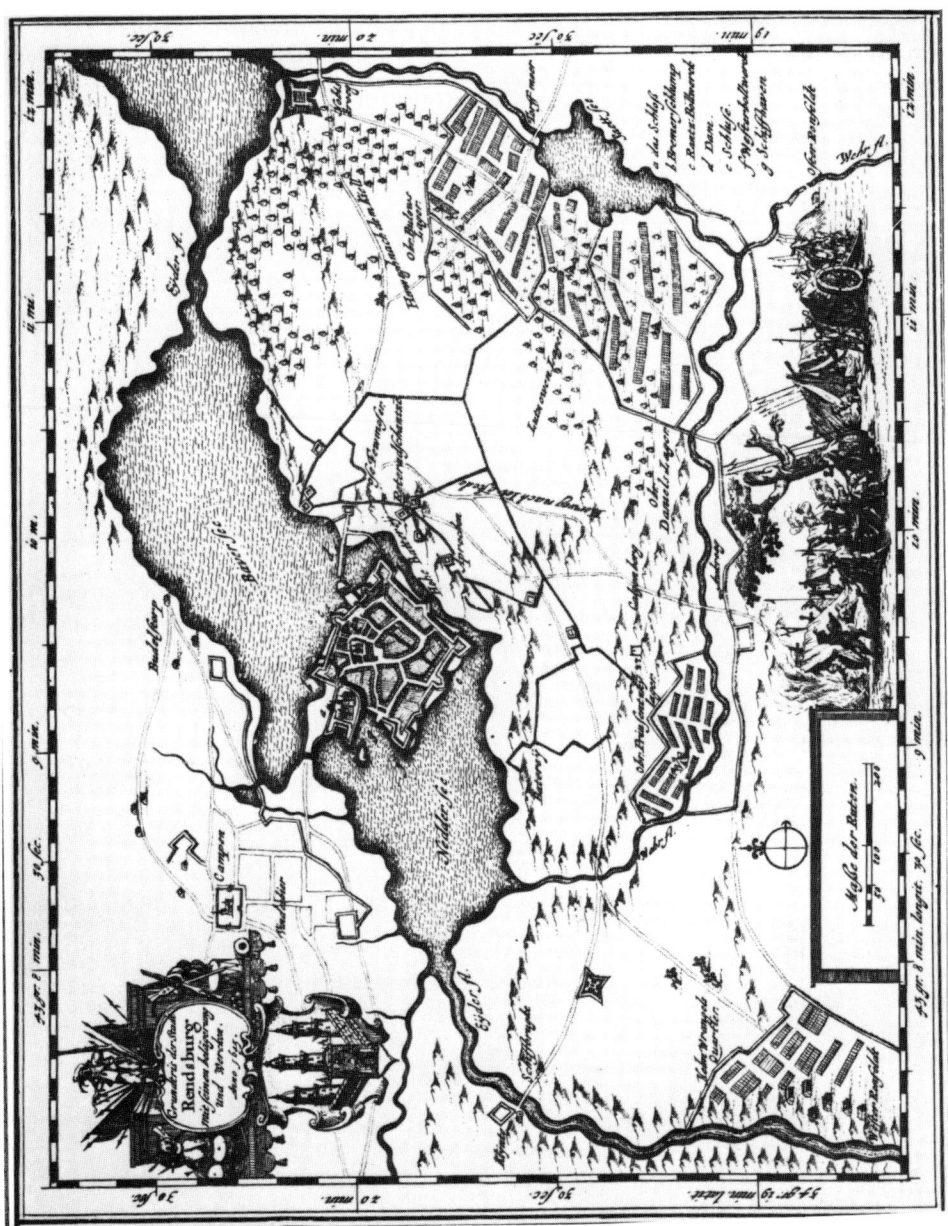

57

werths mit all ihren Schwächen und ebenso vielen Vorzügen noch keine abschließende Würdigung erfahren. Bekannt und belastend ist allerdings, daß die Danckwerthsche Beschreibung bei der Sonderburger Herzogslinie Mißfallen erregte und den dänischen König in ihrer progottorfischen Betrachtungsweise arg verstimmte. *Johannes Mejer* reiste auf fast ein halbes Jahr nach Kopenhagen, um das Schlimmste abzuwenden, und schrieb auch einen eigenen Text, die „renovierte Landesbeschreibung", die in ungedruckter Form erhalten ist. Die Hauptträger des Unternehmens, *J. Mejer* und *C. Danckwerth*, überwarfen sich, führten aufwendige Prozesse gegeneinander und erlitten erhebliche finanzielle Verluste. Nach dem Tode *Danckwerths* verkaufte seine Witwe durch Vermittlung des *Adam Olearius* die Druckplatten 1657 in die Niederlande; Teile wurden fünf Jahre später in dem „Atlas maior" des *Joh. Blaeu* nachgedruckt, fielen dann aber wohl alle dem Brand seiner Offizin im Jahre 1672 zum Opfer.

Durch den schwedischen Kriegszug 1657 und den noch grausameren sog. Polackenkrieg 1658, die die Herzogtümer Schleswig und Holstein selbst in entlegensten Winkeln verheerten, kam der Eindruck auf, daß der Feind sich bei den Truppendurchmärschen an Hand der Mejerschen Karten orientiert habe. Der Ruf des „Landesverrats wider Willen", der dem Kartenwerk daraufhin noch lange anhaftete, mag neben den gravierenden dynastischen Streitigkeiten zwischen Gottorfer Herzögen und dänischen Königen, die das Wirtschafts- und Kulturleben des Landes bis weit in das 18. Jahrhundert aufs nachhaltigste beeinträchtigten, mit zu einem Stillstand der großräumigen Kartographie und Topographie beigetragen haben.

Erst die Flurkarten, die für Einzelgemarkungen im Rahmen der Agrarreformen Mitte des 18. Jahrhunderts entstanden, die etwas späteren militärischen Landvermessungen, die der dänische Generalmajor *P. E. v. Gähler* 1761 vorschlug, und die etwa gleichzeitig einsetzende fruchtbare Tätigkeit der *Gesellschaft der Wissenschaften* in Kopenhagen leiteten eine grundsätzlich neue Entwicklung der Kartographie für unser Land ein.

Etwa gleichzeitig kam mit der „Staatsbeschreibung des Herzogthums Schleswig" (1758) von dem Juristen und Sonderburger Bürgermeister *J. F. Hansen* die Form der Landesbeschreibung, der Topographie im engeren Sinne, wieder auf. Sie erhielt neue Impulse statistisch-kameralistischer Art durch den Kieler Professor *August Niemann* (1761–1832) und erfuhr eine erste weite Verbreitung in der Topographie von Holstein, die der Preetzer Diakon *J. F. A. Dörfer* zu Beginn des 19. Jahrhunderts in vier Auflagen herausbrachte.

Reichlich einhundert Jahre also hatte die „Newe Landesbeschreibung" von *J. Mejer* und *C. Danckwerth* – „erwachsen aus dem Genius saeculi – im Übergang von der Renaissance zum Barock – und aus dem Genius loci, dem freien Bauern- und Bürgertum der schleswig-holsteinischen Westküste", wie *Chr. Degn* es treffend formulierte – Höhepunkt und Zäsur einer kartographischen und topographischen Tradition gebildet, die, im Lande nicht wieder erreicht, im 17. Jahrhundert auch andernorts ihresgleichen suchte.

Literaturauswahl

R. D. Baart dela Faille und *Gustav Jacoby*, Zur Geschichte der Bedeichung und Kartographie der Dagebüller Bucht (Butsloot), in: Nordelbingen Bd. 7 (1928), S. 481–511

L. Bagrow und *R. A. Skelton*, Meister der Kartographie, Berlin, 1964

Fr. Bertheau, Heinrich Rantzau als Geschichtsforscher, in: ZSHG Bd. 21 (1891), S. 307–364

Jürgen Bolland, Die Hamburger Elbkarte aus dem Jahre 1568, gezeichnet von Melchior Lorichs, Hamburg, [3]1974 (Veröffentlichungen aus dem Staatsarchiv der Freien und Hansestadt Hamburg. 8)

Wilhelm Bonacker, Kartenmacher aller Länder und Zeiten, Stuttgart 1966

Holger Borzikowsky (Hrsg.), Von allerhand Figuren und Abbildungen. Kupferstecher des 17. Jahrhunderts im Umkreis des Gottorfer Hofes, Husum, 1981

Bo Bramsen, Gamle Danmarkskort. En historisk oversigt med bibliografiske noter for perioden 1570–1770. Kopenhagen, [3]1975

Cartes et figures de la terre. Centre Georges Pompidou, Paris 1980

Charles Bricker und *Ronald Vere Tooley*, Gloria Cartographiae. Geschichte der mittelalterlichen Kartographie, Gütersloh und Berlin 1971

Franz Geerz, Geschichte der geographischen Vermessungen und der Landkarten Nordalbingiens vom Ende des 15. Jahrhunderts bis zum Jahre 1859, Berlin, 1859

Georges Grosjean und *Rudolf Kinauer*, Kartenkunst und Kartentechnik vom Altertum bis zum Barock, Bern und Stuttgart 1970

Reimer Hansen, Beiträge zur Geschichte und Geographie Nordfrieslands im Mittelalter, in: ZSHG Bd. 24 (1894), S. 1–92

Ders., Die eiderstedtischen Chronisten vor Peter Sax, in: ZSHG Bd. 25 (1895), S. 161–216

Ders., Iven Knutzens Karten von der Marsch zwischen Husum und der Eider, in: ZSHG Bd. 26 (1896), S. 131–143

Ders., Johannes Petreus' Schriften über Nordstrand, Kiel, 1901 (Quellensammlung der Gesellschaft für schleswig-holsteinische Geschichte. 5)

Reimer Hansen, Peter Böckels Dithmarschen-Karte aus dem Jahre 1559 und ihre Nachbildungen, in: Dithmarschen, N. F., Jg. 1968, S. 57–76

Hans Harmsen, Künstler des Kartenbildes, Oldenburg, 1962

Otto Hartz, Die älteste Karte Angelns, in: Jahrbuch des Angler Heimatvereins 5. Jg. (1934), S. 48–52

Richard Haupt, Heinrich Rantzau und die Künste, in: ZSHG Bd. 56 (1926), S. 1–66

Kurt Hector, Eine Karte über den Alster-Trave-Kanal aus dem Jahre 1528, in: Heimatkundliches Jahrbuch für den Kreis Segeberg Jg. 7 (1961), S. 32–34

Gustav Jacoby, Eine Karte der Eidermündung von 1621, in: Die Heimat 59. Jg. (1952), S. 304–307

Hans-Jürgen Kahlfuß, Landesaufnahme und Flurvermessung in den Herzogtümern Schleswig, Holstein und Lauenburg vor 1864, Neumünster, 1969

Ib Kejlbo, Historisk Kartografi, Kopenhagen, 1966

Olaf Klose/Lilli Martius, Ortsansichten und Stadtpläne der Herzogtümer Schleswig, Holstein und Lauenburg, 2 Bde, Neumünster, 1962 (Studien zur schleswig-holsteinischen Kunstgeschichte. 7, 8)

Arend W. Lang, Seekarten der südlichen Nord- und Ostsee, Berlin, Stuttgart, 1968 (Deutsche Hydrographische Zeitschrift, Ergänzungsheft, Reihe B. 10)

Ders., Das Kartenbild der Renaissance, Wolfenbüttel, 1977 (Ausstellungskatalog der Herzog-August-Bibliothek. 20)

P. Lauritzen, Der Kartograph Johannes Mejer, in: Veröffentlichungen des Nordfriesischen Vereins für Heimatkunde und Heimatliebe Jg. 1903/04, S. 21–125

Dieter Lohmeier, Heinrich Rantzau und die Adelskultur der frühen Neuzeit, in: Arte et Marte, Neumünster 1978, S. 67–84 (Kieler Studien zur deutschen Literaturgeschichte. 13)

Ders., Rollwagen-Claußen-Coott. Personalhistorische Anmerkungen zur Geschichte des Deichwesens in Nordfriesland im frühen 17. Jahrhundert, in: Nordfriesisches Jahrbuch, N. F., Bd. 16 (1980), S. 75–90

Gerhard Meyer, Alte Karten und Globen als Spiegel des Weltbildes ihrer Zeit, Lübeck, 1981 (Veröffentlichung XVIII der Hansestadt Lübeck – Amt für Kultur)

Jürgen Newig, Sylt im Spiegel historischer Karten, in: Archsum auf Sylt, Teil 1, Mainz, 1980, S. 64–84 (Römisch-germanische Forschungen. 39)

N. E. Nørlund (Hrsg.), Johannes Mejers Kort over de danske Rige. Bd. 1: Sjaelland, Bornholm, Skaane, Halland, Bleking, Gotland og Faerøerne, Bd. 2: Jylland og Fyn, Bd. 3: Aabenraa Amt, København, 1942 (Geodaetisk Instituts Publikationer I–III)

Ders., Danmarks Kortlaegning Bd. 1, Kopenhagen, 1943 (Geodaetisk Instituts Publikationer IV)

Lorenz Petersen, Daniel Freses „Landtafel" der Grafschaft Holstein (Pinneberg) aus dem Jahre 1588, in: ZSHG Bd. 70/71 (1943), S. 224–246

Willy Pieth, Von Lübecker Wiegendrucken und ihren Meistern, in: Nordelbingen Bd. 7 (1928), S. 95–112

Vitalis Pantenburg, Das Porträt der Erde. Geschichte der Kartographie, Stuttgart, 1970 (Kosmos Bibliothek. 266)

Wolfgang Prange, Lauenburgische Prozeßkarten des 16. und 17. Jahrhunderts, in: Lauenburgische Heimat, Heft 43 (1963), S. 15–32

P. Sax, Nordstrand 1637 (Sammlung seiner Aufzeichnungen), mit einer Einleitung versehen von R. Hansen und hrsg. von E. Bruhn, in: Mitteilungen des Nordfriesischen Vereins für Heimatkunde und Heimatliebe Jg. 1909/10

Schleswig-holsteinisches biographisches Lexikon Bd. 1–5, Neumünster, 1970–1979

Traudl Seifert, Die Karte als Kunstwerk. Dekorative Landkarten aus Mittelalter und Neuzeit, Unterschneidheim, 1979 (Ausstellungskatalog bayerische Staatsbibliothek München. 19)

Walter Stephan, Die ältesten Karten der Insel Helgoland und die Einrichtung des ersten dortigen Leuchtfeuers im Jahre 1630, in: ZSHG Bd. 60 (1930), S. 88–101

Dagmar Unverhau, Das Schleswig-Bild von Georg Braun und Franz Hogenberg. Bemerkungen zur Kartographie der Schleswiger Landenge, in: Beiträge zur Schleswiger Stadtgeschichte Jg. 24 (1979), S. 39–83

Rudolf Zöllner, Vorlagen für Vignetten und Ornamente auf den Mejer-Landkarten in Danckwerths Newe Landesbeschreibung von 1652, in: Nordelbingen Bd. 35 (1966), S. 48–64

ZSHG = Zeitschrift der Gesellschaft für schleswig-holsteinische Geschichte

Den Archiven, Bibliotheken und Museen sowie dem Landesamt für Denkmalpflege, Kiel, und der Fürstlichen Schloßverwaltung, Bückeburg, danke ich verbindlichst für die hilfsbereite Unterstützung, die bereitwillige Beschaffung von Fotomaterialien und die freundliche Genehmigung zur Reproduktion in dieser Veröffentlichung. Mein besonderer Dank gilt Herrn Prof. Dr. Schlee, Schleswig, der die Herausgabe dieser Arbeit mit stetem Interesse und Rat gefördert hat, Frau A. Martens, Fotostelle des Schleswig-Holsteinischen Landesarchivs, die vielfältige fotografische Hilfestellung leistete, sowie der Westholsteinischen Verlagsanstalt, vor allem Herrn G. Bumann, für die sorgfältige Vorbereitung und Durchführung der Drucklegung.

Bildnachweis

Schleswig-Holsteinisches Landesarchiv, Schleswig: 2, 6 (Vorlage: Abt. 390 Nr. 438), 10 (Vorlage: Abt. 65.1 Nr. 1173), 11 (Vorlage: Abt. 402 B IV Nr. 96), 12, 13 (Vorlage: Abt. 402 B IV Nr. 97), 14 (Vorlage: 402 A 20 Nr. 3), 21, 27 (Vorlage: Stadtarchiv Schleswig), 28, 32–34, 36–40, 44 (Vorlage: Universitätsbibliothek, Kiel), 47, 53, 55–57

Königliche Bibliothek, Kopenhagen: 22, 23, 25, 26, 41–43, 45, 46, 48, 49, 52, 54

Bayerische Staatsbibliothek, München: 1, 3, 4, 5

Schleswig-Holsteinische Landesbibliothek, Kiel: 30, 31, 35

Landesamt für Denkmalpflege, Kiel: 24, 29, 30

Staatsarchiv, Hamburg: 8, 9, 17

Wilfried Klimmer, Bückeburg: 15, 16 18 (Vorlage: Schloß Bückeburg)

Schleswig-Holsteinisches Landesmuseum, Schleswig: 50, 51

Dithmarscher Landesmuseum, Meldorf: 19, 20

Foto-Carstens, Kiel: 24, 31 (Vorlage: Landesamt für Denkmalpflege, Kiel)

Foto Fischer-Daber, Hamburg: 7 (Vorlage: Museum für Hamburgische Geschichte)

DUCAT[US] HOLSA[TIAE] SUMMÂ DILIGENTIÂ ACC[URATÈ] CENSURÂ NOVITER EDIT[A] Nicolao Iohannide Piscat[or]